前　言

  概率论与数理统计是高等学校经济类和理工类各专业的重要基础课,它是研究随机现象的一门数学学科,具有很强的理论性和应用性。为帮助学生掌握这门课程的主要内容和基本方法,补充教材内容之不足,适当强化解题技能训练,我们编写了本书,以供学习辅导及备考应试之参考。

  本书是浙江工商大学出版社出版的《概率论与数理统计》教材的配套教材,可作为文科(经管类)大学生学习《概率论与数理统计》课程的参考书。全书分为八章,每章按照内容提要、例题解析和练习题三个部分组成。内容提要比较详细地总结了各章节的定义、重要定理和公式。例题解析对各章节重点题型作了归纳和总结,精选各类典型例题,力求解释详尽,侧重分析,并通过一题多解的讲解,帮助学生提高综合分析能力和解题能力。部分例题综合性强,有一定的难度和深度,对考研复习有很好的参考价值。练习题是教材练习题的一个很好的补充,可以作为考查学生是否掌握该章节知识的基本试题内容,书后给出了全部练习题的答案。

  本书最后精选了五套模拟试卷,并附上详细解答,可以检测学生是否全面掌握知识要点和解题能力,有效地提高学生的应试能力。

  本书由浙江工商大学杭州商学院五位老师合作完成,其中第一、二、三章由金义明编写;第四章由李剑秋编写;第五章和第八章由丁嘉华编写;第六章由马骊编写;第七章由卢俊峰编写;最后由金义明统一修改定稿。

  本书的编写得到浙江工商大学出版社和浙江工商大学杭州商学院的大力支持,在此表示衷心的感谢。

  由于编者水平所限,书中难免有不妥之处,敬请读者不吝赐教。

编　者

于浙江工商大学

2014 年 5 月

目　录
CONTENTS

第一章　随机事件及其概率

§1.1　内容提要

一、预备知识

1. 两个基本原理

（1）加法原理

做一件事,完成它可以有 n 类办法,在第一类办法中有 m_1 种不同的方法,在第二类办法中有 m_2 种不同的方法,$\cdots$,在第 n 类办法中有 m_n 种不同的方法,那么完成这件事共有 $m_1 + m_2 + \cdots + m_n$ 种不同的方法.

（2）乘法原理

做一件事,完成它需要分成 n 个步骤,做第一步有 m_1 种不同的方法,做第二步有 m_2 种不同的方法,$\cdots$,做第 n 步有 m_n 种不同的方法,那么完成这件事共有 $m_1 \cdot m_2 \cdot \cdots \cdot m_n$ 种不同的方法.

2. 排列

（1）排列和排列数

从 n 个不同元素中,任取 m 个($m \leqslant n$)不同元素,按照一定的顺序排成一列,叫做从 n 个不同元素中取出 m 个元素的一个排列. 所有这样的排列数共有 $P_n^m = n(n-1)\cdots(n-m+1)$ 种.

（2）可重复元素的排列

从 n 个不同元素中取出 m 个元素(元素可以重复),按照一定的顺序排成一列,叫做从 n 个不同元素中取出 m 个元素的一个可重复元素的排列. 所有这样的可重复排列数共有 n^m 种.

3. 组合

（1）组合和组合数

从 n 个不同元素中,任取 m 个($m \leqslant n$)不同元素,不计顺序并成一组,叫做从 n 个不同元素中取出 m 个元素的一个组合. 这样不同的组合数共有 $C_n^m = \dfrac{n!}{m!(n-m)!}$ 种.

（2）组合数的性质

$$C_n^m = C_n^{n-m}, \qquad C_{n+1}^m = C_n^m + C_n^{m-1}.$$

二、随机现象、随机试验、随机事件

1. 随机现象
在一定条件下,可能发生也可能不发生的现象称为随机现象.

随机现象仅就一次观察呈现不确定性,但在大量重复试验中,具有某种统计规律性.

2. 随机试验
对随机现象进行的观察称为随机试验.

随机试验具有以下特征:

① 重复性　试验在相同的条件下可重复进行;

② 明确性　每次试验结果不止一个,并事先明确所有可能的结果;

③ 随机性　每次试验前,不能预知出现的可能结果.

3. 随机事件
① 基本事件和样本空间　随机试验的每一个可能结果称为基本事件或称为样本点,所有基本事件构成的集合称为样本空间,记作 Ω.

② 随机事件　由样本空间中某些样本点所成的集合即样本空间的子集,简称事件.事件 A 发生,当且仅当 A 所包含的一个样本点出现.特别地,样本空间 Ω 称为必然事件,空集 $\varnothing$ 称为不可能事件.

4. 事件间的关系与运算
（1）事件间的关系与运算,如表 1-1 所示.

表 1-1　事件的运算及关系图表

运算或关系名称	记　号	定　义	文 氏 图
A 包含 B （包含关系）	$A \supset B$ 或 $B \subset A$	事件 B 的发生,必然导致事件 A 的发生	
A、B 相等 （相等关系）	$A = B$	A、B 相互包含	

运算或关系名称	记 号	定 义	文 氏 图
和事件 （加法运算）	$A \cup B$	事件 A 与 B 至少有一个发生 （A 或 B 发生）	
积事件 （乘法运算）	AB	事件 A 与 B 同时发生（A 且 B 发生）	
差事件 （减法运算）	$A - B$	事件 A 发生,但事件 B 不发生	
互不相容 （互斥关系）	$AB = \varnothing$	事件 A 和 B 不能同时发生	
对立事件 （互逆关系）	$\overline{A}$ $A + \overline{A} = \Omega$ 且 $A\overline{A} = \varnothing$	A、$\overline{A}$ 两事件中必有一个发生,但不能同时发生	

（2）完备事件组

如果一组事件 $A_1, A_2, \cdots, A_n$ 满足：

① 两两互不相容（互不相容性），

② $A_1 + A_2 + \cdots + A_n = \Omega$（完备性），

则称事件组 $A_1, A_2, \cdots, A_n$ 为完备事件组.

（3）运算性质

① 交换律　$A \cup B = B \cup A$; $AB = BA$.

② 结合律　$A \cup (B \cup C) = (A \cup B) \cup C$; $A(BC) = (AB)C$.

③ 分配律　$A \cup (BC) = (A \cup B)(A \cup C)$; $A(B \cup C) = (AB) \cup (AC)$.

④ 对偶律(德·摩根律) $\overline{A \cup B} = \overline{A}\,\overline{B}; \overline{AB} = \overline{A} \cup \overline{B}.$

一般地，$\overline{\bigcup\limits_{i=1}^{n} A_i} = \bigcap\limits_{i=1}^{n} \overline{A_i}, \overline{\bigcap\limits_{i=1}^{n} A_i} = \bigcup\limits_{i=1}^{n} \overline{A_i}.$

三、概率的公理化定义

设试验 E 的样本空间为 S，对于 E 的每一个事件 A 对应一个数 $P(A)$，$P(A)$ 称为 A 的概率，如果满足下面三条公理：

(1)(非负性) $P(A) \geqslant 0$；

(2)(规范性) $P(\Omega) = 1$；

(3)(可列可加性) 对于任意可列个互不相容事件 $A_1, A_2, \cdots, A_n, \cdots,$ 有 $P(\bigcup\limits_{i=1}^{\infty} A_i) =$
$\sum\limits_{i=1}^{\infty} P(A_i).$

四、古典概型和几何概型

1. 古典概型

(1)古典概型的特点

古典概型具有以下特点：

① 所有可能的试验结果只有有限个，即试验的基本事件个数有限；

② 试验中每个基本事件发生的可能性相等．

并称满足上述条件的事件组为等概基本事件组．

(2)概率的古典定义

在古典概型中，设基本事件总数为 n，事件 A 包含的基本事件数为 $m(m \leqslant n)$，则事件 A 的概率为

$$P(A) = \frac{m}{n} = \frac{A\ 所包含的基本事件数}{试验的基本事件总数}.$$

2. 几何概型

设平面(或直线、空间)上有一区域 Ω，区域 $A \subset \Omega$，在区域 Ω 内任意投掷一点，假设该点落在任意一点处都是等可能的，并且落在区域 Ω 的任何部分 A 内的概率，只与这部分的面积(或长度、体积)成正比例，而与其位置与形状无关．

在几何概型中，在区域 Ω 内任意投掷一点，而落在区域 A 内的概率为

$$P(A) = \frac{L(A)}{L(\Omega)}.$$

这里，$L(A)$ 与 $L(\Omega)$ 表示平面上相应区域的面积(或直线上区间的长度，空间区域的体积)．

五、概率的计算

1.概率的基本运算公式

(1) $P(A \bigcup B) = P(A) + P(B) - P(AB)$;

(2) $P(\overline{A}) = 1 - P(A)$;

(3) $P(B - A) = P(B) - P(AB)$;

(4) $P(\bigcup\limits_{i=1}^{n} A_i) = \sum\limits_{i=1}^{n} P(A_i) - \sum\limits_{1 \leqslant i < j \leqslant n} P(A_i A_j) + \sum\limits_{1 \leqslant i < j < k \leqslant n} P(A_i A_j A_k) - \cdots$
$$+ (-1)^{n-1} P(A_1 A_2 \cdots A_n).$$

2.概率的乘法公式

(1) 条件概率

设 A, B 为两事件,且 $P(A) > 0$,在事件 A 已发生的条件下,事件 B 发生的概率称为事件 B 在给定事件 A 下的条件概率,记作 $P(B \mid A)$.

(2) 概率的乘法公式

若 $P(A) > 0$,则 $P(AB) = P(A)P(B \mid A)$;

若 $P(AB) > 0$,则 $P(ABC) = P(A)P(B \mid A)P(C \mid AB)$;

一般地,若 $P(\bigcap\limits_{i=1}^{n-1} A_i) > 0$,则

$$P(\bigcap\limits_{i=1}^{n} A_i) = P(A_1)P(A_2 \mid A_1)P(A_3 \mid A_1 A_2) \cdots P(A_n \mid A_1 A_2 \cdots A_{n-1}).$$

(3) 事件的相互独立性

① 对于任意事件 A, B,若 $P(A) > 0$,有 $P(B \mid A) = P(B)$ 成立,则称事件 A 与事件 B 相互独立.

② 事件 A 与事件 B 相互独立的充分必要条件是 $P(AB) = P(A)P(B)$.

③ 若事件 A 与事件 B 相互独立,则 A 与 $\overline{B}, \overline{A}$ 与 $B, \overline{A}$ 与 $\overline{B}$ 也相互独立.

3.全概率公式与贝叶斯(Bayes)公式

(1) 全概率公式

如果事件组 $A_1, A_2, \cdots, A_n$ 构成完备事件组,且 $P(A_i) > 0 (i = 1, 2, \cdots, n)$,则对于任意事件 B,有

$$P(B) = \sum\limits_{i=1}^{n} P(A_i)P(B \mid A_i).$$

(2) 贝叶斯公式

如果事件组 $A_1, A_2, \cdots, A_n$ 构成完备事件组,且 $P(A_i) > 0 (i = 1, 2, \cdots, n)$,则对于任一具有正概率的事件 B,有

$$P(A_k \mid B) = \frac{P(A_k)P(B \mid A_k)}{\sum\limits_{i=1}^{n} P(A_i)P(B \mid A_i)}, \quad k = 1, 2, \cdots, n.$$

§1.2 例题解析

例1 设 A, B, C 表示三个随机事件,试用事件的运算表示下列随机事件.

(1) A 发生而 B, C 都不发生;

(2) A 与 B 都发生而 C 不发生;

(3) 三个事件都发生;

(4) 三个事件至少有一个发生;

(5) 三个事件至少有两个发生;

(6) 三个事件都不发生;

(7) 不多于一个发生;

(8) 不多于两个发生;

(9) 恰有两个发生.

解 (1) $A\bar{B}\bar{C}$ 或 $(A - B) - C$ 或 $A - (B \cup C)$;

(2) $AB\bar{C}$ 或 $AB - C$ 或 $AB - ABC$;

(3) ABC;

(4) $A \cup B \cup C$;

(5) $AB \cup BC \cup CA$;

(6) $\bar{A}\bar{B}\bar{C}$ 或 $\overline{A \cup B \cup C}$;

(7) $\bar{A}\bar{B}\bar{C} \cup A\bar{B}\bar{C} \cup \bar{A}B\bar{C} \cup \bar{A}\bar{B}C$ 或 $\overline{AB \cup BC \cup CA}$;

(8) $\overline{ABC}$ 或 $\bar{A} \cup \bar{B} \cup \bar{C}$ 或 $\bar{A}\bar{B}\bar{C} \cup A\bar{B}\bar{C} \cup \bar{A}B\bar{C} \cup \bar{A}\bar{B}C \cup \bar{A}BC \cup A\bar{B}C \cup AB\bar{C}$;

(9) $AB\bar{C} \cup A\bar{B}C \cup \bar{A}BC$.

注 复合事件常用"恰有""只有""至多""至少""都发生""都不发生""不都发生"等词来描述,为了准确地用一些简单事件的运算来表示出复合事件,必须弄清楚这些概念的含义.随机事件可以根据定义直接表示出来,也可以用其逆事件的逆事件来表示.如(4)和(6)是互逆事件,因此(6)可以用 $\overline{ABC}$ 表示,也可以用 $\overline{A \cup B \cup C}$ 表示.在(9)中"恰有两个发生"的含义是若有两个事件发生,则第三个事件就不能发生,因此与(5)有区别,可以用 $AB\bar{C} \cup A\bar{B}C \cup \bar{A}BC$ 表示,也可以用 $AB \cup BC \cup AC - ABC$ 来表示.在一些情况下,需要将事件表示成互不相容事件的并,这样在计算概率时会容易些.

例2 对于任意两个事件 A 和 B,与 $A \cup B = B$ 不等价的是( ).

(A) $A \subset B$ (B) $\bar{B} \subset \bar{A}$ (C) $A\bar{B} = \varnothing$ (D) $\bar{A}B = \varnothing$

解　由于 $A \cup B = B$,即 $A \subset B$,故 $\overline{A}B = \varnothing$ 不一定成立,应选(D).

例 3　对任意事件 A,B,下列命题(　　)是正确的.

(A) 如果 A,B 互不相容,则 $\overline{A},\overline{B}$ 也互不相容

(B) 如果 A,B 相容,则 $\overline{A},\overline{B}$ 也相容

(C) 如果 $\overline{A},\overline{B}$ 互不相容,则 $A \cup B = \Omega$

(D) 如果 $AB = A$,则 $A \cup B = A$

解　若 $\overline{A}\overline{B} = \varnothing$,则由德·摩根律可得 $A \cup B = \overline{\overline{A}\,\overline{B}} = \overline{\varnothing} = \Omega$. 应选(C).

例 4　若事件 A 和 B 同时发生,则事件 C 一定不发生,试证明:

(1) $A\overline{B}C \cup \overline{A}C = C$;

(2) $(AB - C) \cup (A \cup B - B) = A$.

证明　(1)按题意有 $ABC = \varnothing$,故

$$A\overline{B}C \cup \overline{A}C = A\overline{B}C \cup ABC \cup \overline{A}C = AC(\overline{B} \cup B) \cup \overline{A}C$$
$$= AC \cup \overline{A}C = (A \cup \overline{A})C = C.$$

(2) 按题意有 $AB \subset \overline{C}$,故 $AB\overline{C} = AB$,从而 $AB - C = AB\overline{C} = AB$;

另一方面,$A \cup B - B = (A \cup B)\overline{B} = A\overline{B} \cup B\overline{B} = A\overline{B}$.

所以 $(AB - C) \cup (A \cup B - B) = AB \cup A\overline{B} = A(B \cup \overline{B}) = A$.

注　在事件运算时,$A - B$ 通常改写为 $A\overline{B}$,便于交、并运算.

例 5　"事件 A,B,C 两两互斥"与"$ABC = \varnothing$"是不是一回事? 并说明它们的联系.

解　不是一回事.

"两两互斥"指 A,B,C 三事件中任意两个事件不能同时发生,如图 1-1 所示,即 $AB = \varnothing, AC = \varnothing, BC = \varnothing$ 同时成立.

"$ABC = \varnothing$"指 A,B,C 三事件不能同时发生,如图 1-2 所示.

它们的联系是:"两两互斥"$\Rightarrow$"$ABC = \varnothing$",反之则未必成立.

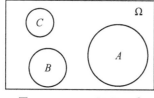

图 1-1　A,B,C 两两互斥

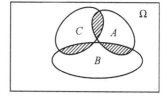

图 1-2　$ABC = \varnothing$

注　明确"两两互斥"与"$ABC = \varnothing$"的区别与联系,有利于正确把握有关运算. 例如,三个事件的加法公式 $P(A \cup B \cup C) = P(A) + P(B) + P(C) - P(AB) - P(AC) - P(BC) + P(ABC)$,只有在 A,B,C 两两互斥条件下,才能简化成 $P(A \cup B \cup C) = P(A) + P(B) + P(C)$,若仅有 $ABC = \varnothing$ 成立,则 $P(A \cup B \cup C) = P(A) + P(B) + P(C) -$

$P(AB) - P(AC) - P(BC)$.

例 6 花园新村有 20% 成年人订阅都市快报，16% 成年人订阅钱江晚报，8% 成年人同时订阅两种报. 在花园新村成年人中随机选一人，问此人至少订阅两报之一的概率多大？

解 记 $A=$"订阅都市快报"，$B=$"订阅钱江晚报"，则

$$P(A \bigcup B) = P(A) + P(B) - P(A \bigcap B) = 0.2 + 0.16 - 0.08 = 0.28.$$

例 7 袋中有 10 个球，6 个白球，4 个红球. 假设每个球被取出是等可能的，现随机地取出 3 个，试求取出 k 个红球的概率 $(0 \leqslant k \leqslant 3)$.

解 将球编号，记 6 个白球依次为 $1 \sim 6$，4 个红球为 $7 \sim 10$. 假设每个球等可能被取出，这等价于从 10 个号码中任取 3 个，不计次序的每一种取法是等可能的. 因而若每次随机的取出 3 个，只观察其号码，不计其次序，则一个样本点等价于从 10 个号码中取其 3，不计次序的一种组合. 故样本点数 $\mu(\Omega) = C_{10}^3$. 记 $A_k = \{$取 3 个，取出 k 个红球$\}$ $(0 \leqslant k \leqslant 3)$. 显然，$A_k$ 发生，当且仅当 3 个球中，需从 $7 \sim 10$ 号中取出 $k(0 \leqslant k \leqslant 3)$ 个，且从 $1 \sim 6$ 号中取出 $(3-k)$ 个. 由乘法原理有：$\mu(A_k) = C_4^k C_6^{3-k} (0 \leqslant k \leqslant 3)$，得 $P(A_k) = C_4^k C_6^{3-k} / C_{10}^3$.

注 (1)解该题时将球编号，目的是使建立的样本空间中的每一个样本点的出现是等可能的. 倘若此题中球不加编号，那么在题设的条件下，随机取出 3 个，仅观察取到红球的个数. 此时相应建立的(即解题者所设想的)样本空间为 $\Omega = \{A_0, A_1, A_2, A_3\}$. 显然这个样本空间的每个样本点 A_0, A_1, A_2, A_3 不是等可能的. 这时，如硬要套用古典概型的定义来求解就会发生错误. (2)对于"等可能"的确切含义，要依据具体的题设条件给予确切的理解与描述. 这是能否正确解决古典概型问题的关键之一，务请初学者倍加注意.

例 8 n 个人抽签分配 n 张彩票，设 n 张彩票中有 m 张有奖彩票 $(1 \leqslant m \leqslant n)$. 假设每人抽到每一张彩票是等可能的，试求第 k 个人 $(1 \leqslant k \leqslant n)$ 抽到有奖彩票的概率.

解法 1 记 $A_k = \{$第 k 个人抽到有奖彩票$\}$ $(1 \leqslant k \leqslant n)$. 为求 $P(A_k)$，设想将彩票编号 $1 \sim n$，试验只观察第 k 个人抽彩票的结果. 建立样本空间 Ω 如下：Ω 中的一个样本点对应于从 $1 \sim n$ 张彩票中取出一张. 显然，$\mu(\Omega) = n$，$\mu(A_k) = m$，故

$$P(A_k) = \frac{m}{n}, \ 1 \leqslant k \leqslant n.$$

由上知，$P(A_k)$ 与 k 无关.

解法 2 记 $A_k = \{$第 k 个人抽到有奖彩票$\}$ $(1 \leqslant k \leqslant n)$. 为求 $P(A_k)$，设想将彩票编号 $1 \sim n$，试验只观察第 k 个人抽彩票的结果. 建立样本空间 Ω 如下：Ω 中的一个样本点对应于把 n 张彩票的一个排列. 显然，$\mu(\Omega) = n!$，$\mu(A_k) = C_m^1 \times (n-1)!$(即先从 m 张有奖彩票中取出一张排在第 k 个位置，再把剩下的 $n-1$ 张彩票排列在其余位置). 故

$$P(A_k) = \frac{m \times (n-1)!}{n!} = \frac{m}{n}, \; 1 \leqslant k \leqslant n.$$

解法 3　记 $A_k = \{$第 k 个人抽到有奖彩票$\}$ $(1 \leqslant k \leqslant n)$. 为求 $P(A_k)$, 不对彩票编号, 作连续 n 次抽签, 则抽签结果总数为从 n 个位置中选取 m 个位置放置彩票的组合数 C_n^m, 而事件 A_k 的有利场合数为第 k 个位置放置一张有奖彩票, 再在其余 $n-1$ 个位置中选出 $m-1$ 个位置放置有奖彩票的组合数 C_{n-1}^{m-1}. 故

$$P(A_k) = \frac{C_{n-1}^{m-1}}{C_n^m} = \frac{m}{n}, \; 1 \leqslant k \leqslant n.$$

以上结果表明, 抽到有奖彩票的概率与抽签次序无关, 这正是人们直观上感到抽签分配是"公平"的理论解释.

分析　本例告诉我们, 在古典概型的求概率问题中可以用不同的随机试验模型, 即可以用排列运算, 也可以用组合运算. 一般在求基本事件总数和所求事件所含的样本点数应该用同样的运算, 否则极易出错.

例 9　箱中有 a 个白球, b 个红球, 采用有放回和无放回两种抽样方式从中取出 $n(n \leqslant a+b)$ 个球. 求恰有 k $(0 \leqslant k \leqslant n)$ 个红球的概率各是多少?

解　由于抽样方式不同, 即随机试验不同, 故须分别讨论.

(1) 有放回抽样. 此时, 抽取 n 个的一种取法对应于从 $(a+b)$ 个元素中取 n 个的可重复排列的一种, 故 $\mu(\Omega) = (a+b)^n$; 令 $A=\{$抽出的 n 个中恰有 k 个红球$\}$, 则 $\mu(A) = C_n^k b^k a^{n-k} (0 \leqslant k \leqslant n)$, 故

$$P(A) = C_n^k \left(\frac{b}{a+b} \right)^k \left(\frac{a}{a+b} \right)^{n-k}.$$

(2) 无放回抽样. 抽取 n 个球, 不考虑其次序. 此时, Ω 中每一样本点对应于从 $(a+b)$ 个元素中取出 n 个的一种组合, 故 $\mu(\Omega) = C_{a+b}^n$, 而恰有 k 个红球要求 $0 \leqslant k \leqslant b$, 有 $\mu(A) = C_b^k C_a^{n-k} (0 \leqslant k \leqslant b, 1 \leqslant n \leqslant a+b)$, 故

$$P(A) = \frac{C_b^k C_a^{n-k}}{C_{a+b}^n}, \; 0 \leqslant k \leqslant b, \; 1 \leqslant n \leqslant a+b.$$

例 10　100 件外形完全相同的产品, 其中 40 件为一等品, 60 件为二等品, 设 A: "从 100 件产品中任取一件, 连续抽取三次, 所得三件均为一等品". 试求在下列两种情况下事件 A 的概率:

(1) 每次取出一件, 经测试后放回, 再继续抽取下一件 (有放回抽样);

(2) 每次取出一件, 经测试后不放回, 在余下的产品中继续抽取下一件 (无放回抽样).

解　(1) 有放回抽样的每次抽取都是在相同的条件下进行, 这是一个重复排列问题, 故随机试验的基本事件总数 $n = 100^3$. 事件 A 要求所抽取的三次均是一等品, 故事件 A

所包含的基本事件数 $m = 40^3$. 依概率的古典定义,有

$$P(A) = \frac{m}{n} = \frac{40^3}{100^3} = 0.064.$$

(2) 无放回抽样的第一件是在 100 件中抽取的,第二件是在余下的 99 件中抽取的,第三件是在余下的 98 件中抽取的,所以这是选排列问题,基本事件总数为 $n = P_{100}^3$. 事件 A 包含的基本事件数则是在 40 件一等品中任取三件的排列数,即 $m = P_{40}^3$. 依古典定义,有

$$P(A) = \frac{m}{n} = \frac{P_{40}^3}{P_{100}^3} = 0.061.$$

注 此例是产品的随机抽样问题(即摸球问题),它与下面例题中的分球入盒问题(即分房问题)和随机取数问题是古典概型的三大典型问题.掌握典型问题的解法有助于举一反三,触类旁通,提高解题的能力.

例 11 设有 n 个人,每个人都等可能地被分配到 N 个房间中的一个房间去住($n \leqslant N$),求下列事件的概率:

(1) 指定的 n 间房间里各有一人住;

(2) 恰有 n 间房各有一人;

(3) 某一指定的房中恰有 m 个人($m \leqslant n$).

解 设随机试验为"把每个人随机分配到 N 个间房中任一间",据此建立样本空间 Ω. 由于每一人分到 N 个房间中有 N 种分法,由乘法原理: $\mu(\Omega) = N^n$.

设 $A = \{$指定的 n 间房里各有一人住$\}$,$B = \{$恰有 n 间房各有一人$\}$,$C = \{$某一指定的房中恰有 m 个人$\}$.

(1) 若固定某 n 个间房且每间一人,第一人可分配到其中任一间,有 n 种分法,第二人可分配到余下 $n-1$ 间中任一间,有 $n-1$ 种分法,$\cdots$,故 $\mu(A) = n!$,所以

$$P(A) = \frac{n!}{N^n}.$$

(2) n 间房可以从 N 间中任意选取,有 C_N^n 种方法,而 n 个人分配到 n 间房,并且每间房只有一人,有 $n!$ 种分法,故 $\mu(B) = C_N^n \cdot n!$,所以

$$P(B) = \frac{C_N^n \cdot n!}{N^n}.$$

(3) 事件 C 中的 m 个人可自 n 个人中任意选出,故有 C_n^m 种选法,其余 $(n-m)$ 个人可任意分配到剩下的 $N-1$ 间房里,共有 $(N-1)^{n-m}$ 种分法,故有 $\mu(C) = C_n^m \cdot (N-1)^{n-m}$,所以

$$P(C) = \frac{C_n^m \cdot (N-1)^{n-m}}{N^n} = C_n^m \left(\frac{1}{N}\right)^m \left(\frac{N-1}{N}\right)^{n-m}.$$

注 此题是分房问题.在这类问题中,人与房子都是有其特性的.处理实际问题时,

要弄清什么是"人",什么是"房",一般不可颠倒.常遇到的分房问题,有 n 个人的生日问题,n 封信装入 n 个信封问题(配对问题),掷 n 个骰子问题.分房问题有时也叫球在盒中的分布问题(如果把人看成球).这类问题在现代统计物理学中有重要的应用.

例 12 在 $0,1,2,\cdots,9$ 中依次取出 4 个数排列在一起,能组成 4 位偶数的概率为多少?

解 设样本空间 $\Omega=\{abcd\mid 0\leqslant a,b,c,d\leqslant 9\ \text{且}\ a,b,c,d\ \text{互不相等}\}$,则 Ω 中样本点总数为 $n=P_{10}^4=5\,040$.

再来计算构成的 4 位偶数的个数为 $P_9^3C_5^1-P_8^2C_4^1=2\,520-224=2\,296$,从而所求概率 $p=\dfrac{2\,296}{5\,040}=0.46$.

注 此问题是随机取数问题.四位偶数的构成可以这样来考虑,在个位上任取一个偶数,则有 C_5^1 种取法,而千、百、十位上由剩下的 9 个数中任取 3 个排列,共有 P_9^3 种排法.但当 0 排在千位上时不能构成 4 位数,因此要去掉 0 排在千位上的偶数的数目,共有 $P_8^2C_4^1$ 种.

例 13 从一副扑克牌 52 张中任取 5 张,求下列事件的概率:

(1) 5 张牌有同一花色;

(2) 3 张牌有同一个点数,另 2 张牌也有相同的另一个点数;

(3) 5 张牌中有 2 个不同的对(没有 3 张牌点数相同);

(4) 有 4 张牌点数相同.

解 从 52 张牌中取 5 张,基本事件总数是 C_{52}^5.

(1) 可设想为先从 4 种花色中取出一种,再从这花色的 13 张牌中取出 5 张牌,因此"5 张牌有同一花色"的概率为

$$\frac{C_4^1C_{13}^5}{C_{52}^5}=\frac{33}{166\,600}=0.001\,98.$$

(2) 可设想为先从 13 种点数中取出一种,再从有这一点数的 4 张牌中取 3 张,然后从余下的 12 种点数中再取一种,并从这一点数的 4 张牌中取 2 张,因此"3 张牌有同一点数,另 2 张牌也有相同的另一个点数"的概率为

$$\frac{C_{13}^1C_4^3C_{12}^1C_4^2}{C_{52}^5}=\frac{6}{4\,165}=0.001\,44.$$

(3) 可设想为先从 13 种点数中取出 2 种,再从有这 2 种点数的各 4 张牌中各取 2 张,然后从余下的 44 张牌中取出 1 张,因此"5 张牌中有 2 个不同的对(没有 3 张牌点数相同)"的概率为

$$\frac{C_{13}^2C_4^2C_4^2C_{44}^1}{C_{52}^5}=\frac{198}{4\,165}=0.047\,54.$$

(4) 可设想为先从 13 种点数中取出一种,这一点数的 4 张牌都取出,然后从余下的 48 张牌中取出 1 张,因此"有 4 张牌点数相同"的概率为

$$\frac{C_{13}^1 C_{48}^1}{C_{52}^5} = \frac{1}{4\ 165} = 0.000\ 24.$$

注 本题的计算是典型的用排列组合的计数方法,将一个复杂的计数问题分解成若干步,每一步只是一个简单的排列或组合的计数,然后用乘法原理得到总的结果. 如何进行分解需要按具体情况想办法. 所作的分解也不一定就是现实中进行的,可以是理论上设想的,也就是虚构的. 分解的方法也不一定是唯一的. 这些都是用排列组合计数的常用方法.

例 14 (1)房间里有 500 个人,问至少有一个人的生日是 10 月 1 日的概率是多少(设一年以 365 天计算)?(2)房间里有 4 个人,问至少有 2 个人的生日在一个月的概率是多少?

解 (1)每人的生日等可能地是 365 天中的某一天,500 人生日的分配情况共 365^{500} 种. 设至少有一人的生日是 10 月 1 日的事件是 A,则 $\bar{A}$ 表示没有人在这一天出生,它的基本事件数是 364^{500},于是

$$P(A) = 1 - \left(\frac{364}{365}\right)^{500} = 0.746.$$

(2)设至少有 2 人的生日在同一个月的事件为 B,则 $\bar{B}$ 表示没有两个人或两个以上人的生日在同一个月,所含的基本事件数为 P_{12}^4,于是

$$P(\bar{B}) = \frac{P_{12}^4}{12^4} = \frac{165}{288} = 0.572,$$

所以 $P(B) = 1 - P(\bar{B}) = 1 - 0.572 = 0.428.$

例 15 (约会问题)星期天,甲、乙两人约定在上午 7～8 时之间到某公园会面,先到者等 15 分钟仍不见另一人,方可离去,求两人能会面的概率.

解 以 x,y 依次代表甲、乙到达某公园的时刻,那么
$$0 \leqslant x \leqslant 60, 0 \leqslant y \leqslant 60.$$
在 xOy 面上满足不等式的点的全体构成平面上的一个正方形就是样本空间 S.

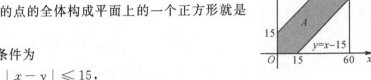

两人能会面的充要条件为
$$|x - y| \leqslant 15,$$

所以 $$P(A) = \frac{L(A)}{L(S)} = \frac{60^2 - 45^2}{60^2} = 0.437\ 5.$$

注 在约会问题中,一般总希望能见到面的概率大一点,这就要求相互等候的时间长一点. 而轮船停靠等问题却相反,希望不会面的概率大一点,这就要求相互等候的时间短一

点.借助几何度量处理概率计算问题,便是几何概型的基本特征.相对于古典概型来讲,它没有有限的约束,却保留了等可能性,因而几何概率问题可以看成古典概型的推广.

例 16　甲、乙两船欲停靠同一码头,它们在一昼夜内独立地到达码头的时间是等可能的,各自在码头上停留的时间依次是 1 h 和 2 h,试求一船要等待空出码头的概率.

解　设 $A = \{$一船要等待空出码头$\}$.记甲、乙两船一昼夜内到达码头的时刻分别为 x, y.于是
$$\Omega = \{(x, y) \mid 0 \leqslant x \leqslant 24, 0 \leqslant y \leqslant 24\},$$
其度量为 $L(\Omega) = 24^2$,有利于 A 的区域 g 为
$$g = \{(x, y) \in \Omega \mid y - x \leqslant 1 \text{ 且 } x - y \leqslant 2\},$$
其度量为
$$L(g) = 24^2 - \frac{22^2}{2} - \frac{23^2}{2}.$$

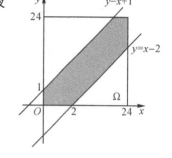

故所求概率为
$$P(A) = \frac{L(g)}{L(\Omega)} = 0.120\ 7.$$

注　$y - x \leqslant 1$ 表示甲先到,乙等甲空出;$x - y \leqslant 2$ 表示乙先到,甲等乙空出.本题及上题都是几何概率中著名的"会面问题"的具体应用.

例 17　设事件 A 与 B 独立,两个事件中只有 A 发生的概率与只有 B 发生的概率都是 $\frac{1}{4}$,求 $P(A)$ 和 $P(B)$.

解　已知 $P(A\bar{B}) = P(\bar{A}B) = \frac{1}{4}$,故
$$P(A) = P(A\bar{B}) + P(AB) = P(\bar{A}B) + P(AB) = P(B),$$
从而
$$P(A\bar{B}) = P(A)P(\bar{B}) = P(A)[1 - P(B)] = P(A)[1 - P(A)] = \frac{1}{4}.$$
解得 $P(A) = \frac{1}{2}$,从而 $P(B) = \frac{1}{2}$.

例 18　试证下列结果:
(1) $P(\bar{A}\,\bar{B}) = 1 - P(A) - P(B) + P(AB)$;
(2) 事件 A, B 恰有一个发生的概率为 $P(A) + P(B) - 2P(AB)$.

证　(1) 运用对偶律及加法公式证之,即
$$P(\bar{A}\,\bar{B}) = P(\overline{A \bigcup B}) = 1 - P(A \bigcup B) = 1 - P(A) - P(B) + P(AB).$$
(2) 由于 $A \bigcup B = \bar{A}B \bigcup A\bar{B} \bigcup AB$ 且等式右边三事件两两互不相容,所以
$$P(\bar{A}B \bigcup A\bar{B}) = P(A \bigcup B) - P(AB) = P(A) + P(B) - 2P(AB).$$

注 这类题目往往有多种解法,属于一题多解的常见类型.如题(2)的另一证法为

$$P(\overline{A}B \cup A\overline{B}) = P(\overline{A}B) + P(A\overline{B})$$
$$= P(B) - P(AB) + P(A) - P(AB)$$
$$= P(A) + P(B) - 2P(AB).$$

例 19 设 $P(A) = P(B) = \dfrac{1}{2}$,求证: $P(AB) = P(\overline{A}\,\overline{B})$.

证 $P(\overline{A}\,\overline{B}) = 1 - P(A \cup B) = 1 - [P(A) + P(B) - P(AB)]$
$$= 1 - \left[\frac{1}{2} + \frac{1}{2} - P(AB)\right] = P(AB).$$

例 20 证明:

(1) $P(AB) \geqslant P(A) + P(B) - 1$;

(2) $P(A_1 A_2 \cdots A_n) \geqslant P(A_1) + P(A_2) + \cdots + P(A_n) - (n-1)$.

证 (1) 由于

$$1 \geqslant P(A \cup B) = P(A) + P(B) - P(AB),$$

所以

$$P(AB) \geqslant P(A) + P(B) - 1.$$

(2) 用归纳法证明. $n = 2$ 时即为已证之(1).设不等式对 n 成立,则

$P(A_1 A_2 \cdots A_{n+1}) \geqslant P(A_1 A_2 \cdots A_n) + P(A_{n+1}) - 1$
$$\geqslant P(A_1) + P(A_2) + \cdots + P(A_n) - (n-1) + P(A_{n+1}) - 1$$
$$= P(A_1) + P(A_2) + \cdots + P(A_{n+1}) - n.$$

注 本题给出了概率 $P(AB)$ 或 $P(A_1 A_2 \cdots A_n)$ 的一个下界.

例 21 证明: $|P(AB) - P(A)P(B)| \leqslant \dfrac{1}{4}$.

证 $P(AB) - P(A)P(B)$
$$= P(AB) - [P(AB) + P(A\overline{B})][P(AB) + P(\overline{A}B)]$$
$$= P(AB)[1 - P(AB) - P(A\overline{B}) - P(\overline{A}B)] - P(A\overline{B})P(\overline{A}B)$$
$$= P(AB)[1 - P(A \cup B)] - P(A\overline{B})P(\overline{A}B)$$
$$\geqslant - P(A\overline{B})P(\overline{A}B) \geqslant - P(A\overline{B})[1 - P(A\overline{B})] \geqslant -\frac{1}{4}.$$

这里利用熟知不等式:对 $a \in [0, 1]$, $a(1-a) \leqslant \dfrac{1}{4}$.

另一方面,设 $P(A) \geqslant P(B)$,则

$$P(AB) - P(A)P(B) \leqslant P(B) - P(B)P(B) = P(B)[1 - P(B)] \leqslant \frac{1}{4}.$$

由此证得

$$| P(AB) - P(A)P(B) | \leqslant \frac{1}{4}.$$

注 本题虽然只用到概率的有限可加性,但是证明的技巧性较大,题目的结论较有意义,因为它的成立无需任何条件.

例 22 掷 n 颗骰子,得最小的点数为 2 的概率是多少?

解 记事件 A:"点数至少为 2",即点数 1 不出现,因此 $P(A) = \frac{5^n}{6^n}$.

记事件 B:"点数至少为 3",即点数 1,2 都不出现,因此 $P(B) = \frac{4^n}{6^n}$.

则 $A - B$ 表示事件:"最小的点数为 2",且 $A \supset B$. 故所求的概率为

$$P(A - B) = P(A) - P(B) = \frac{5^n - 4^n}{6^n}.$$

注 本题的解法是一种典型解法,但灵活性较大,需要积累并逐步扩大思路,不能急于求成.

例 23 A, B 两人进行乒乓球赛. 在比赛中,A 胜的概率为 0.4,B 胜的概率为 0.6,比赛可采用三局两胜制和五局三胜制,问哪一种赛制下,B 胜的可能性更大?

解 (1) 如果采用三局两胜制,则 B 在两种情况下获胜:

        B_1 2∶0   (B 净胜两局)

        B_2 2∶1   (前两局各胜一局,第三局 B 胜)

于是有

$$P(B_1) = 0.6^2 = 0.36,$$
$$P(B_2) = C_2^1 0.6 \times 0.4 \times 0.6 = 0.288.$$

故 B 胜的概率为

$$P(B) = P(B_1 + B_2) = P(B_1) + P(B_2) = 0.36 + 0.288 = 0.648.$$

(2) 如果采用五局三胜制,则 B 获胜的可能结果是:

        B_1 3∶0   (前三局 B 都胜)

        B_2 3∶1   (前三局中 B 胜二负一,第四局 B 胜)

        B_3 3∶2   (前四局中各胜二局,第五局 B 胜)

于是有

$$P(B_1) = 0.6^3 = 0.216,$$
$$P(B_2) = C_3^2 0.6^2 \times 0.4 \times 0.6 = 0.259\ 2,$$
$$P(B_3) = C_4^2 0.6^2 \times 0.4^2 \times 0.6 = 0.207\ 36.$$

故 B 胜的概率为

$$P(B) = P(B_1 \bigcup B_2 \bigcup B_3) = P(B_1) + P(B_2) + P(B_3) = 0.682\ 56.$$

比较(1)和(2)可知,在后一种赛制下 B 胜的可能性更大.

例 24 一批零件共 12 个,其中 2 个是次品,10 个是正品.从中抽取两次,每次任取一个,取后不放回.试求下列事件的概率:

(1)两次均取正品;　　　　　　　　(2)第二次才取正品;

(3)第二次取正品;　　　　　　　　(4)两次内取得正品.

解 设 $A_i = \{$第 i 次取得正品$\}$, $i = 1, 2$.

(1) $P(A_1 A_2) = P(A_1) P(A_2 \mid A_1) = \dfrac{10}{12} \times \dfrac{9}{11} = 0.681\ 8.$

(2) $P(\overline{A_1} A_2) = P(\overline{A_1}) P(A_2 \mid \overline{A_1}) = \dfrac{2}{12} \times \dfrac{10}{11} = 0.151\ 5.$

(3) $P(A_2) = P(A_1 A_2 \bigcup \overline{A_1} A_2) = P(A_1 A_2) + P(\overline{A_1} A_2) = 0.833\ 3.$

(4) $P(A_1 \bigcup \overline{A_1} A_2) = P(A_1) + P(\overline{A_1} A_2) = \dfrac{10}{12} + \dfrac{5}{33} = 0.984\ 8.$

注 抽样的无放回场合,特别要分清"第二次才取正品"与"第二次取正品",它们是不同的两个概念."两次内取得正品"即"两次中至少有一次取得正品",也可以将它表示成"$A_1 A_2 \bigcup A_1 \overline{A_2} \bigcup \overline{A_1} A_2$"或"$A_1 \bigcup A_2$".

例 25 某仓库同时装有甲、乙两种警报系统,每个系统单独使用的有效率分别为 0.92 和 0.93,在甲系统失灵的条件下乙系统也失灵的概率为 0.15. 试求下列事件的概率:

(1)仓库发生意外时能及时发出警报;

(2)乙系统失灵的条件下甲系统亦失灵.

解 设 $A = \{$甲系统有效$\}$, $B = \{$乙系统有效$\}$. 由题设知:

$$P(A) = 0.92, \quad P(B) = 0.93, \quad P(\overline{B} \mid \overline{A}) = 0.15.$$

(1) 发生意外能及时发出警报,即系统甲、乙至少有一个有效. 故

$$P(A \bigcup B) = 1 - P(\overline{A \bigcup B}) = 1 - P(\overline{A}\,\overline{B})$$
$$= 1 - P(\overline{A}) P(\overline{B} \mid \overline{A}) = 1 - (1 - 0.92) \times 0.15 = 0.988.$$

(2) 乙系统失灵条件下甲也失灵的概率为

$$P(\overline{A} \mid \overline{B}) = \frac{P(\overline{A} \cdot \overline{B})}{P(\overline{B})} = \frac{P(\overline{A}) P(\overline{B} \mid \overline{A})}{1 - P(B)} = \frac{0.08 \times 0.15}{1 - 0.93} = 0.171\ 4.$$

例 26 设 A, B 为随机事件,试求解下列问题:

(1)已知 $P(A) = P(B) = \dfrac{1}{3}$, $P(A \mid B) = \dfrac{1}{6}$,求 $P(\overline{A} \mid \overline{B})$;

(2)已知 $P(A) = \dfrac{1}{4}$, $P(B \mid A) = \dfrac{1}{3}$, $P(A \mid B) = \dfrac{1}{2}$,求 $P(A \bigcup B)$.

解 (1) $P(\overline{A} \mid \overline{B}) = \dfrac{P(\overline{A}\,\overline{B})}{P(\overline{B})} = \dfrac{1 - P(A \bigcup B)}{1 - P(B)}$

$$= \frac{1 - P(A) - P(B) + P(AB)}{1 - P(B)}$$

$$= \frac{1 - P(A) - P(B) + P(B)P(A \mid B)}{1 - P(B)}$$

$$= \frac{1 - \dfrac{1}{3} - \dfrac{1}{3} + \dfrac{1}{3} \times \dfrac{1}{6}}{1 - \dfrac{1}{3}} = \frac{\dfrac{7}{18}}{\dfrac{2}{3}} = \frac{7}{12}.$$

(2) $P(A \bigcup B) = P(A) + P(B) - P(AB)$

$$= P(A) + \frac{P(A)P(B \mid A)}{P(A \mid B)} - P(A)P(B \mid A)$$

$$= \frac{1}{4} + \frac{1}{4} \times \frac{1}{3} / \frac{1}{2} - \frac{1}{4} \times \frac{1}{3} = \frac{1}{3}.$$

例 27 设 M 件产品中有 m 件是不合格品,从中任取两件.(1)在所取的产品中有一件是不合格品的条件下,求另一件也是不合格品的概率;(2)在所取的产品中有一件是合格品的条件下,求另一件是不合格品的概率.

解 (1)这里不妨认为是同时取出两件产品,此时取出产品中有一件是不合格品有 $C_m^2 + C_m^1 C_{M-m}^1$ 种取法,而已知两件中有一件是不合格品,另一件也是不合格品有 C_m^2 种取法,故所求概率为

$$\frac{C_m^2}{C_m^2 + C_m^1 C_{M-m}^1} = \frac{m-1}{2M - m - 1}.$$

(2)取出产品中有一件是合格品有 $C_{M-m}^2 + C_m^1 C_{M-m}^1$ 种取法,而已知两件中有一件是合格品,另一件是不合格品有 $C_m^1 C_{M-m}^1$ 种取法,故所求概率为

$$\frac{C_m^1 C_{M-m}^1}{C_{M-m}^2 + C_m^1 C_{M-m}^1} = \frac{2m}{M + m - 1}.$$

注 这里采用的是在缩减的样本空间中计算条件概率的方法,且题中"有一件"其意应在"至少有一件"而不能理解为"只有一件",这是因为对另一件是否是不合格品还未知.

例 28 掷三颗骰子,已知所得三个点数都不一样,求其中包含有 1 点的概率.

解 A 表示"所得三个点数都不一样"的事件,B 表示"所得的点数中有 1 点"的事件,欲求的是条件概率 $P(B \mid A)$.

先分别求出 $P(AB)$,$P(A)$. 将依次掷三颗骰子所得点数排成一列作为基本事件,则基本事件总数为 $6^3 = 216$. 有利于 A 的基本事件数为 $6 \times 5 \times 4 = 120$. 考虑有利于 AB 的基本事件时,可设想 1 点已取好,再从其余 5 个点数中取 2 个,然后将 3 个点数作排列,因此有利于 AB 的基本事件数为 $C_5^2 \cdot 3!$,从而欲求的条件概率为

$$P(B \mid A) = \frac{P(AB)}{P(A)} = \frac{C_5^2 \times 3!}{6 \times 5 \times 4} = \frac{1}{2}.$$

另一种解法是将基本事件空间 Ω 缩小为 Ω_A. 从 6 个点数中取 3 个,每种取法作为 1 个基本事件,这时基本事件总数为 $C_6^3 = 20$. 再在 Ω_A 中考虑有利于 B 的基本事件,1 点已取定,只需从其余 5 个点数中取 2 个,因此有利于 B 的基本事件数为 $C_5^2 = 10$. 故所求的概率为 $\frac{10}{20} = \frac{1}{2}$. 这是条件概率的直观意义.

例 29 证明:若三个事件 A, B, C 相互独立,则 $A \cup B$ 及 $A\bar{B}$ 都与 C 独立.

证 因 $P\{(A \cup B)C\} = P\{AC \cup BC\} = P(AC) + P(BC) - P(ABC)$
$$= P(A)P(C) + P(B)P(C) - P(A)P(B)P(C)$$
$$= P(A \cup B)P(C),$$

故 $A \cup B$ 与 C 独立.

因 A, B, C 相互独立,$A, \bar{B}, C$ 也相互独立,从而
$$P(A\bar{B}C) = P(A)P(\bar{B})P(C) = P(A\bar{B})P(C).$$

故 $A\bar{B}$ 与 C 独立.

例 30 一批产品分别由甲、乙、丙三车床加工,其中甲车床加工的占产品总数的 25%,乙车床占 35%,其余的是丙车床加工的. 又甲、乙、丙三车床在加工时出现次品的概率分别为 0.05,0.04,0.02. 现从中任取一件,试求下列事件的概率:

(1) 任取的一件是次品;

(2) 若已知任取的一件是次品,则该次品由甲、乙或丙车床加工的.

解 设 $A_i = \{$任取的一件是第 i 台车床加工的$\}$,$i = 1$(甲车床),2(乙车床),3(丙车床);$B = \{$任取的一件是次品$\}$.

于是,由题设可知:

$P(A_1) = 0.25$,$P(A_2) = 0.35$,$P(A_3) = 0.40$,

$P(B \mid A_1) = 0.05$,$P(B \mid A_2) = 0.04$,$P(B \mid A_3) = 0.02$.

(1) 由全概率公式,得

$$P(B) = \sum_{i=1}^{3} P(A_i)(B \mid A_i) = 0.25 \times 0.05 + 0.35 \times 0.04 + 0.40 \times 0.02 = 0.034\ 5.$$

(2) 由贝叶斯公式,得

$$P(A_1 \mid B) = \frac{P(A_1)P(B \mid A_1)}{P(B)} = \frac{0.25 \times 0.05}{0.034\ 5} = 0.362\ 3;$$

$$P(A_2 \mid B) = \frac{P(A_2)P(B \mid A_2)}{P(B)} = \frac{0.35 \times 0.04}{0.034\ 5} = 0.405\ 8;$$

$$P(A_3 \mid B) = \frac{P(A_3)P(B \mid A_3)}{P(B)} = \frac{0.40 \times 0.02}{0.034\ 5} = 0.231\ 9.$$

注 本题是全概率公式、贝叶斯公式的应用题. 应注意到全概率公式只有一个, 而贝叶斯公式有多个, 就本题而言是三个, 而这三个条件概率之和为 1, 这点常被人们用来作为验算正确性的手段.

例 31 甲、乙两人轮流射击, 先击中目标者为胜. 设甲、乙击中目标的概率分别为 α, β. 甲先射击, 求甲 (或乙) 为胜者的概率.

解法 1 记事件 A:"甲为胜者", 记事件 B:"乙为胜者".

先分析第一轮 (甲、乙各射一次) 的结果. 记事件 C_1:"在第一轮中甲射中", 记事件 C_2:"在第一轮中甲未射中而乙射中", 记事件 C_3:"在第一轮中甲、乙均未射中". 易见 $\{C_1, C_2, C_3\}$ 是必然事件的一个分割, 且

$$P(C_1) = \alpha, \quad P(C_2) = (1-\alpha)\beta, \quad P(C_3) = (1-\alpha)(1-\beta),$$
$$P(A \mid C_1) = 1, \quad P(B \mid C_2) = 1.$$

若事件 C_3 发生, 比赛继续进行, 情况与从头开始完全一样 (这一点是解法的关键, 富有概率论思考的特色). 因此有

$$P(A \mid C_3) = P(A), \quad P(B \mid C_3) = P(B).$$

由全概率公式得

$$P(A) = \alpha + (1-\alpha)(1-\beta)P(A),$$
$$P(B) = (1-\alpha)\beta + (1-\alpha)(1-\beta)P(B).$$

由此得

$$P(A) = \frac{\alpha}{\alpha + \beta(1-\alpha)}, \ P(B) = \frac{\beta(1-\alpha)}{\alpha + \beta(1-\alpha)}.$$

解法 2 分别记 A_i, B_i 为第 i 轮甲胜和乙胜 ($i = 1, 2, \cdots$), 记事件 A:"甲为胜者", 记事件 B:"乙为胜者", 则

$$A = A_1 \bigcup \overline{A}_1 \overline{B}_1 A_2 \bigcup \overline{A}_1 \overline{B}_1 \overline{A}_2 \overline{B}_2 A_3 \bigcup \cdots.$$

于是 $P(A) = 0.4 + 0.6 \times 0.5 \times 0.4 + (0.6 \times 0.5)^2 \times 0.4 + \cdots$

$$= \frac{\alpha}{1 - (1-\alpha)(1-\beta)} = \frac{\alpha}{\alpha + \beta(1-\alpha)},$$

$$B = \overline{A}_1 B_1 \bigcup \overline{A}_1 \overline{B}_1 \overline{A}_2 B_2 \bigcup \overline{A}_1 \overline{B}_1 \overline{A}_2 \overline{B}_2 \overline{A}_3 B_3 \bigcup \cdots,$$

$$P(B) = 0.6 \times 0.5 + 0.6 \times 0.5 \times 0.6 \times 0.5 + (0.6 \times 0.5)^2 \times 0.6 \times 0.5 + \cdots$$

$$= \frac{(1-\alpha)\beta}{1 - (1-\alpha)(1-\beta)} = \frac{\beta(1-\alpha)}{\alpha + \beta(1-\alpha)}.$$

§1.3 练习题

1. 已知 $P(A) = P(B) = P(C) = \dfrac{1}{4}, P(AB) = 0, P(AC) = P(BC) = \dfrac{1}{6}$, 求 $A, B,$

C 全不发生的概率.

2. 证明: $P(\overline{AB}) = P(\overline{A}\,\overline{B})$ 成立的充分必要条件为 $P(A\overline{B}) = P(B\overline{A}) = 0$.

3. 将 1 套 4 册的文集按任意顺序放到书架上,问各册自右向左或自左向右恰成 $1,2,3,4$ 的顺序的概率是多少?

4. 袋内装有 5 个白球,3 个黑球,从中一次任取两个,求取到的两个球颜色不同的概率.

5. 10 把钥匙中有 3 把能打开一个门锁,今任取两把,求能打开门锁的概率.

6. 抛掷一枚硬币,连续 3 次,求既有正面又有反面出现的概率.

7. 袋中有红、白、黑色球各一个,每次任取一球,有放回地抽取三次,求下列事件的概率: A = "全红", B = "全白", C = "全黑", D = "无红", E = "无白", F = "无黑", G = "颜色全相同", H = "颜色全不相同", I = "颜色不全相同".

8. 一间宿舍内住有 6 位同学,求他们中有 4 人的生日在同一个月份的概率.

9. 一个教室中有 100 名学生,求其中至少有一人的生日是在元旦的概率(设一年以 365 天计算).

10. 掷三颗骰子,得 3 个点数能排成公差为 1 的等差数列的概率为多少?

11. 将 4 个男生与 4 个女生任意地分成两组,每组 4 人,求每组各有 2 个男生的概率.

12. 一间宿舍中有 4 位同学的眼镜都放在书架上,去上课时,每人任取一副眼镜,求每个人都没有拿到自己眼镜的概率.

13. 在 $\triangle ABC$ 中任取一点 P,证明: $\triangle ABP$ 与 $\triangle ABC$ 的面积之比大于 $\dfrac{n-1}{n}$ 的概率为 $\dfrac{1}{n^2}$.

14. 在时间间隔 5 min 内的任何时刻,两信号等可能地进入同一收音机,如果两信号进入收音机的间隔小于 30 s,则收音机受到干扰,试求收音机不受干扰的概率.

15. 设 $P(B) > 0$, $P(\overline{B}) > 0$. 证明: A 与 B 独立的充要条件是 $P(A \mid B) = P(A \mid \overline{B})$.

16. 设 $P(A) = 0.4$, $P(A \cup B) = 0.7$.

(1) 若 A 与 B 互斥,求 $P(B)$;   (2) 若 A 与 B 独立,求 $P(B)$.

17. 设甲、乙两人各投篮 1 次,其中甲投中的概率为 0.8,乙投中的概率为 0.7,并假定二者相互独立,求:

(1) 2 人都投中的概率;

(2) 甲投中乙投不中的概率;

(3) 甲投不中乙投中的概率;

(4) 至少有一个投中的概率.

18. 甲、乙、丙三人进行投篮练习,每人一次,如果他们的命中率分别为 0.8,0.7,0.6,计算下列事件的概率:

（1）只有一人投中；

（2）最多有一人投中；

（3）最少有一人投中.

19. 甲乙两人轮流投篮，甲先开始，假定他们的命中率分别为 0.4,0.5,问谁先投中的概率较大，为什么？

20. 加工一产品需要 4 道工序，其中第 1、第 2、第 3、第 4 道工序出废品的概率分别为 0.1,0.2,0.2,0.3,各道工序相互独立，若某一道工序出废品即认为该产品为废品，求产品的废品率.

21. 某单位电话总机的占线率为 0.4,其中某车间分机的占线率为 0.3,假定两者独立，现在从外部打电话给该车间，求一次能打通的概率；求第二次才能打通的概率及第 m 次才能打通的概率（m 为任何正整数）.

22. 设事件 $A_1,A_2,\cdots,A_n$ 相互独立，且 $P(A_i) = p_i(i = 1,2,\cdots,n)$，试求：

（1）这些事件至少有一件不发生的概率；

（2）这些事件均不发生的概率；

（3）这些事件恰好发生一件的概率.

23. 甲、乙、丙三人在同一时间分别破译某一密码，设甲、乙、丙能译出的概率分别为 0.8,0.7,0.6,求该密码能被译出的概率.

24. 由 n 个人组成的小组，在同一时间内分别破译某密码. 假定每人能译出的概率均为 0.7,若要以 99.999 9% 的把握译出密码，问至少需要几个人？

25. 一个人的血型为 O,A,B,AB 型的概率分别为 0.46,0.40,0.11,0.03,现在任意挑选 5 人，求下列事件的概率：

（1）2 个人的血型为 O 型，其他 3 人的血型分别为其他 3 种血型；

（2）3 个人的血型为 O 型，2 个人为 A 型；

（3）没有一个人的血型为 AB 型.

26. 某厂有甲、乙、丙三条流水线生产同一种产品，每条流水线的产量分别占该厂生产产品总量的 25%,35%,40%,各条流水线的废品率分别是 5%,4%,2%. 求在总产品中任取一个产品是废品的概率.

27. 假定某工厂甲、乙、丙 3 个车间生产同一种螺钉，产量依次占全厂的 45%,35%,20%. 如果各车间的次品率依次为 4%,2%,5%. 现在从待出厂产品中检查出 1 个次品，试判断它是由甲车间生产的概率.

28. 某种同样规格的产品共 10 箱，其中甲厂生产的共 7 箱，乙厂生产的共 3 箱，甲厂产品的次品率为 $\frac{1}{10}$,乙厂产品的次品率为 $\frac{2}{15}$,现从这 10 箱产品中任取 1 件产品，问：

（1）取出的这件产品是次品的概率；

（2）若取出的是次品,分别求出次品是甲、乙两厂生产的概率.

29.某工厂的车床、钻床、磨床、刨床的台数之比为 $9:3:2:1$,它们在一定的时间内需要修理的概率之比为 $1:2:3:1$.当有一台机床需要修理时,问这台机床是车床的概率是多少?

30.根据以往的临床记录,知道癌症患者对某种试验呈阳性反应的概率为 0.95,非癌症患者对这试验呈阳性反应的概率为 0.01,已知被试验者患有癌症的概率为 0.005.若某人对试验呈阳性反应,求此人患有癌症的概率.

31.A 地为甲种疾病多发区,该地区共有南、北、中三个行政小区,其人口比为 $9:7:4$,据统计资料,甲种疾病在该地三个行政小区内的发病率依次为 $4‰,2‰,5‰$,求 A 地的甲种疾病的发病率.

32.盒子里有 12 个乒乓球,其中有 9 个是新的,第一次比赛时从其中任取 3 个来用,比赛后仍放回盒子,第二次比赛时再从盒子中任取 3 个,求第二次取出的球都是新球的概率;若已知第二次取出的球都是新球,求第一次取出的球都是新球的概率.

33.已知 100 件产品中有 10 件绝对可靠的正品,每次使用这些正品时肯定不会发生故障,而在每次使用非正品时发生故障的可能性均为 0.1.现从这 100 件产品中随机抽取一件,若使用了 n 次均未发生故障,问 n 为多大时,才能有 70% 的把握认为所抽取的产品为正品.

34.按某种要求检查规则,随机抽取 4 个梨,如果 4 个梨全是熟的,则所有梨都将在餐后食用.一批梨仅有 80% 是熟的,问能做餐后食用的概率是多少?

35.在四次独立试验中,事件 A 至少出现一次的概率为 0.590 4,求在三次独立试验中,事件 A 至少出现一次的概率.

第二章　随机变量及其分布

§2.1　内容提要

一、随机变量的概念

随机试验的所有可能结果 ω 的集合记作 S（样本空间），每一个 ω，唯一对应一个实数 $X(\omega)$，称单值实函数 $X = X(\omega)$ 为随机变量，一般用大写英文字母 X,Y,Z 或希腊字母 ξ,η,ζ 等表示．在一次试验中，X 取什么数值不能事先确定，它是随着试验结果的不同而变化的，当试验结果确定后，它所取的值也就相应地确定．

二、随机变量的概率分布

1. 离散型随机变量及其分布律

如果随机变量 X 的所有可能的取值为有限个或可列个，则称 X 为离散型随机变量．设 X 的所有可能取值为 $x_1,x_2,\cdots,x_n,\cdots$，相应的概率为

$$P\{X = x_k\} = p_k , \ k = 1,2,\cdots.$$

这一系列的式子称为离散型随机变量 X 的分布律，通常也写成表格的形式，即

X	x_1	x_2	$\cdots$	x_n	$\cdots$
$P\{X = x_k\}$	p_1	p_2	$\cdots$	p_n	$\cdots$

离散型随机变量的概率分布具有以下性质：

（1）（非负性）$p_k \geqslant 0, k = 1,2,\cdots,n,\cdots$；

（2）（规范性）$\displaystyle\sum_{k=1}^{\infty} p_k = 1$；

（3）$P\{a < \xi \leqslant b\} = \displaystyle\sum_{a < x_k \leqslant b} p_k$．

2. 连续型随机变量及其概率密度

对于随机变量 X，如果存在非负可积函数 $f(x)(-\infty < x < +\infty)$，使得对任意的实数 x，有：

$$P\{X \leqslant x\} = \int_{-\infty}^{x} f(t)\mathrm{d}t,$$

则称 X 为连续型随机变量, $f(x)$ 称为 X 的概率密度函数,简称概率密度或密度函数.概率密度 $f(x)$ 具有以下性质:

(1) (非负性) $f(x) \geqslant 0\ (-\infty < x < +\infty)$;

(2) (规范性) $\int_{-\infty}^{+\infty} f(x)\mathrm{d}x = 1$;

(3) $P\{a < X \leqslant b\} = \int_{a}^{b} f(x)\mathrm{d}x$.

对于连续型随机变量 X,它有下面重要性质:

连续型随机变量取任意给定数值的概率都是零,即 $P\{X=c\}=0$,其中 c 为任意实数.因而有 $P\{a < X \leqslant b\} = P\{a \leqslant X < b\} = P\{a < X < b\} = P\{a \leqslant X \leqslant b\}$.

3. 随机变量的分布函数

(1) 分布函数的定义

设 X 是一个随机变量,对于任意实数 x,函数

$$F(x) = P\{X \leqslant x\}(-\infty < x < +\infty)$$

称为随机变量 X 的分布函数.

(2) 分布函数的性质

① (有界性) $0 \leqslant F(x) \leqslant 1$;

② (单调非降性) 对任意 $x_1 < x_2$,有 $F(x_1) \leqslant F(x_2)$;

③ $F(-\infty) = \lim\limits_{x \to -\infty} F(x) = 0$, $F(+\infty) = \lim\limits_{x \to +\infty} F(x) = 1$;

④ (右连续性) 对任意实数 x_0,都有 $F(x_0) = \lim\limits_{x \to x_0 + 0} F(x) = F(x_0 + 0)$;

⑤ $P\{a < X \leqslant b\} = F(b) - F(a)$.

(3) 离散型随机变量的分布函数

如果离散型随机变量 X 的概率分布为

X	x_1	x_2	$\cdots$	x_n	$\cdots$
$P(X = x_k)$	p_1	p_2	$\cdots$	p_n	$\cdots$

其中 $x_1 < x_2 < \cdots < x_n < \cdots$. X 的分布函数为 $F(x)$,那么

$$F(x) = P\{X \leqslant x\} = \sum_{x_k \leqslant x} p_k.$$

离散型随机变量的分布函数是单调非降的阶梯函数.

(4) 连续型随机变量的分布函数

设连续型随机变量 X 的概率密度为 $f(x)$,分布函数为 $F(x)$,那么有

① $F(x) = \int_{-\infty}^{x} f(t)\mathrm{d}t$，即分布函数是概率密度的变上限积分函数；

② 若密度函数 $f(x)$ 在 x 点处连续，则 $F'(x) = f(x)$.

连续型随机变量的分布函数是单调、非降的连续函数.

三、几个常见分布

1. 离散型

（1）0—1 分布

设随机变量 X 的分布律为

X	0	1
P	$1-p$	p

则称 X 服从参数为 p 的 0—1 分布，记为 $X \sim B(1,p)$. 0—1 分布又称为两点分布.

一般地，凡是只有两个基本结果的随机试验都可以定义一个服从两点分布的随机变量.

（2）二项分布

设随机变量 X 的分布为
$$P\{X = k\} = C_n^k p^k q^{n-k}, \; k = 0,1,2,\cdots,n, \; q = 1-p, \; 0 < p < 1,$$
则称 X 服从参数为 n，p 的二项分布，记为 $X \sim B(n,\,p)$.

一般地，在 n 重伯努利试验中，如果每次试验中事件 A 发生的概率为 p，用 X 表示 A 发生的次数，这时 X 服从二项分布.

（3）泊松（Poisson）分布

设随机变量 X 的取值为非负整数 $0,1,2,\cdots$，且取这些值的概率为
$$P(X = k) = \frac{\lambda^k}{k!}\mathrm{e}^{-\lambda}, \; k = 0,1,2,\cdots,$$
其中 $\lambda > 0$ 为常数，则称 X 服从参数为 λ 的泊松分布，记为 $X \sim P(\lambda)$.

二项分布与泊松分布的关系（泊松定理）：

若当 $n \to \infty$ 时，$np \to \lambda > 0$，则
$$\lim_{n \to \infty} C_n^k p^k (1-p)^{n-k} = \frac{\lambda^k}{k!}\mathrm{e}^{-\lambda},$$
其中 $k = 0,1,2,\cdots$.

可见，泊松分布为二项分布的一种极限分布，因此当 n 很大，p 很小且 np 不大（一般不大于 5）时，可以用泊松分布做二项分布的近似计算.

（4）几何分布

设随机变量 X 的分布为

$$P\{X=k\}=pq^{k-1},\ q=1-p,\ 0<p<1,\ k=1,2,\cdots,$$

则称 X 服从参数为 p 的几何分布.

一般地,在伯努利试验中,设每次试验中事件 A 发生的概率为 p,记 ξ 为首次发生事件 A 的试验次数,则 X 服从参数为 p 几何分布.

（5）超几何分布

设随机变量 X 的分布为

$$P\{X=k\}=\frac{C_M^k C_{N-M}^{n-k}}{C_N^n},\ k=0,1,2,\cdots,\min(M,n),$$

其中 $n<N-M$,则称 X 服从超几何分布,记为 $X\sim H(n,M,N)$. 超几何分布的典型例子是:设有 N 个产品,其中 M 个是次品,从中任取 n 个,则取到的次品数 $X\sim H(n,M,N)$.

2. 连续型

（1）均匀分布

若随机变量 X 的密度函数为

$$f(x)=\begin{cases}\dfrac{1}{b-a}, & a\leqslant x\leqslant b,\\[2mm] 0, & \text{其他},\end{cases}$$

则称 X 服从区间 $[a,b]$ 上的均匀分布,记为 $X\sim U[a,b]$.

（2）指数分布

若随机变量 X 的密度函数为

$$f(x)=\begin{cases}\lambda e^{-\lambda x}, & x>0,\\[2mm] 0, & x\leqslant 0,\end{cases}$$

其中 $\lambda>0$ 为常数,则称 X 服从参数为 λ 的指数分布,记为 $X\sim E(\lambda)$.

（3）正态分布

若随机变量 X 的密度函数为

$$f(x)=\frac{1}{\sqrt{2\pi}\,\sigma}e^{-\frac{(x-\mu)^2}{2\sigma^2}}\quad(-\infty<x<+\infty),$$

其中 μ,σ 为常数,且 $\sigma>0$,则称 X 服从参数为 μ,σ^2 的正态分布,记作 $X\sim N(\mu,\sigma^2)$.

特别地,当 $\mu=0,\sigma=1$ 时,$X\sim N(0,1)$,称 X 服从标准正态分布,其密度函数通常记为 $\varphi(x)$,即

$$\varphi(x)=\frac{1}{\sqrt{2\pi}}e^{-\frac{x^2}{2}}\quad(-\infty<x<+\infty).$$

分布函数通常记为 $\Phi(x)$,即

$$\Phi(x) = \int_{-\infty}^{x} \frac{1}{\sqrt{2\pi}} e^{-\frac{t^2}{2}} dt \ (-\infty < x < +\infty).$$

一般概率统计教材后附有 $\Phi(x)$ 的数值表,供查用.

正态分布的几个重要性质:

① 若 $X \sim N(\mu, \sigma^2)$,则 $aX + b \sim N(a\mu + b, a^2\sigma^2)$ $(a \neq 0)$. 特别地,X 的标准化随机变量 $X^* = \dfrac{X - \mu}{\sigma} \sim N(0, 1)$;

② 对于任意的 x,均有 $\Phi(-x) = 1 - \Phi(x)$.

四、随机变量函数的分布

1. 离散型随机变量函数的分布

设离散型随机变量 X 的分布律为

X	x_1	x_2	$\cdots$	x_n	$\cdots$
$P\{X = x_k\}$	p_1	p_2	$\cdots$	p_n	$\cdots$

又 $y = g(x)$ 是连续函数,则 $Y = g(X)$ 也是一个随机变量,Y 的分布律可由下求得:

Y	$y_1 = g(x_1)$	$y_2 = g(x_2)$	$\cdots$	$y_n = g(x_n)$	$\cdots$
$P\{Y = y_k\}$	p_1	p_2	$\cdots$	p_n	$\cdots$

若 $g(x_k)(k = 1, 2, \cdots)$ 的值互不相同,则上表就是 Y 的分布律;若 $g(x_k)(k = 1, 2, \cdots)$ 的值中有相等的,则应把那些相等的取值合并,同时把对应的概率相加,从而得到 $Y = g(X)$ 的分布律.

2. 连续型随机变量函数的分布

设连续型随机变量 X 的密度函数为 $f_X(x)$,$y = g(x)$ 为连续函数,求随机变量 $Y = g(X)$ 的密度函数的方法主要是"分布函数法",关键是设法找出 Y 的分布函数 $F_Y(y)$ 与 X 的分布函数 $F_X(x)$ 之间的关系,一般步骤是:

首先按定义写出 Y 的分布函数 $F_Y(y) = P\{Y \leqslant y\}$;然后利用关系式 $Y = g(X)$,把事件 $\{Y \leqslant y\}$ 转化为等价事件 $\{X \in S\}$,其中 $S \subset R$,并将其概率用 X 的分布函数表示出来,记作 $F_X[u(y)]$,即得 $F_Y(y) = F_X[u(y)]$;最后两边关于 y 求导,即可得 Y 的密度函数 $f_Y(y)$.

§2.2 例题解析

例1 假设有 7 件一等品和 3 件二等品混放在一起,每次从其中任意抽取一件,直到

取到一等品为止.试分别求抽取次数 X 的概率分布,假设:

(1) 凡是取到的二等品都放回;

(2) 将取到的二等品都剔除.

解 (1) 引进事件: $A_i = \{$第 i 次取到的是二等品$\}$ $(i = 1, 2, \cdots, n-1)$. 易见 A_1, $A_2, \cdots, A_{n-1}, A_n$ 相互独立,而且

$$P(A_i) = \frac{3}{10}, \ i = 1, 2, \cdots, n.$$

所以

$$P\{X = n\} = P(A_1 A_2 \cdots A_{n-1} \overline{A}_n) = P(A_1) P(A_2) \cdots P(A_{n-1}) P(\overline{A}_n) = 0.3^{n-1} \times 0.7.$$

(2) 由于有 3 件二等品,易见抽取次数 X 总共有 $1, 2, 3, 4$ 四个可能值,注意到抽样是不放回的,由古典型概率的计算公式,有

$$P\{X = 1\} = P(\overline{A}_1) = \frac{7}{10},$$

$$P\{X = 2\} = P(A_1 \overline{A}_2) = \frac{3}{10} \times \frac{7}{9} = \frac{7}{30},$$

$$P\{X = 3\} = P(A_1 A_2 \overline{A}_3) = \frac{3}{10} \times \frac{2}{9} \times \frac{7}{8} = \frac{7}{120},$$

$$P\{X = 4\} = P(A_1 A_2 A_3 \overline{A}_4) = \frac{3}{10} \times \frac{2}{9} \times \frac{1}{8} \times \frac{7}{7} = \frac{1}{120}.$$

于是, X 的概率分布为

$$X \sim \begin{pmatrix} 1 & 2 & 3 & 4 \\ \dfrac{7}{10} & \dfrac{7}{30} & \dfrac{7}{120} & \dfrac{1}{120} \end{pmatrix}.$$

例 2 接连独立地进行两次射击,以 X 表示命中目标的次数.假设每次射击的命中率为 0.7,求 X 的概率分布.

解 随机变量 X 有 $0, 1, 2$ 三个可能值.引进事件: $A_i = \{$第 i 次射击命中目标$\}$ $(i = 1, 2)$,由于两次射击相互独立,可见事件 A_1 和 A_2 相互独立,因此

$$P\{X = 0\} = P(\overline{A}_1 \overline{A}_2) = P(\overline{A}_1) P(\overline{A}_2) = 0.09,$$

$$P\{X = 1\} = P(A_1 \overline{A}_2) + P(\overline{A}_1 A_2) = 0.42,$$

$$P\{X = 2\} = P(A_1 A_2) = 0.49.$$

于是, X 的概率分布为

$$X \sim \begin{pmatrix} 0 & 1 & 2 \\ 0.09 & 0.42 & 0.49 \end{pmatrix}.$$

例 3 设随机变量 X 的概率分布为 $P\{X = k\} = \dfrac{C\lambda^k}{k!} e^{-\lambda}$ $(k = 1, 2, \cdots)$,且 $\lambda > 0$,求

常数 C.

解 因为 $\sum\limits_{k=1}^{\infty} \dfrac{C\lambda^R}{k!}\mathrm{e}^{-\lambda} = 1$，而 $\sum\limits_{k=0}^{\infty} \dfrac{\lambda^k}{k!}\mathrm{e}^{-\lambda} = 1$，

所以 $C \cdot \left(1 - \dfrac{\lambda^0}{0!}\mathrm{e}^{-\lambda}\right) = 1$，即 $C = (1 - \mathrm{e}^{-\lambda})^{-1}$.

例 4 从学校乘公共汽车到火车站的途中要经过 3 个交通岗，假设在各个交通岗遇到红灯的事件是相互独立的，其概率都是 $\dfrac{2}{5}$，记 X 为途中遇到的红灯的次数，求 X 的分布律.

分析 在很多实际问题中，随机变量的分布往往是一些常见的分布（如二项分布、几何分布、泊松分布、指数分布、正态分布等），因此我们应该熟悉这些常见分布所描述的一些典型的概率模型. 本例中，公共汽车过每一个交通岗遇到红灯与否可以看成是一次试验，遇到红灯，或者不遇到红灯是其两个结果，过 3 个交通岗相当于 3 次重复试验，且各次试验相互独立，因此是三重伯努利试验.

解 用 A 表示事件"过交通岗时遇到红灯"，则途中遇到红灯的次数 X，就是三重伯努利试验中事件 A 出现的次数，因此 X 服从二项分布，其参数 $n=3$，$p = P(A) = \dfrac{2}{5}$，即 $X \sim B\left(3, \dfrac{2}{5}\right)$，故 X 的分布律为

$$P(X = k) = C_3^k \left(\dfrac{2}{5}\right)^k \left(1 - \dfrac{2}{5}\right)^{3-k}, \; k = 0,1,2,3.$$

例 5 设汽车从学校到火车站的路上需经过 4 个十字路口的红绿灯，通过每个十字路口时出现红灯的概率都为 $\dfrac{2}{5}$，假设通过各个十字路口是否出现红灯是相互独立的，用 X 表示汽车首次停下时它已通过的十字路口的个数，求 X 的分布律.

分析 本例与上例所描述的试验模型（伯努利试验）是相同的，但定义的随机变量不同，因此具有不同的概率分布.

解 因为 X 表示汽车首次停下时已通过的路口数，所以 X 的可能取值为 $0, 1, 2, 3, 4$.

事件 $\{X = 0\}$ 表示到达第一个路口时遇到红灯，从而 $P(X = 0) = \dfrac{2}{5}$.

事件 $\{X = 1\}$ 表示已通过一个路口，即第一个路口遇到绿灯顺利通过，而到达第二个路口时遇到红灯，从而 $P(X = 1) = \dfrac{3}{5} \times \dfrac{2}{5} = \dfrac{6}{25}$.

类似地有：$P\{X = 2\} = \left(\dfrac{3}{5}\right)^2 \times \dfrac{2}{5} = \dfrac{18}{125}$，$P\{X = 3\} = \left(\dfrac{3}{5}\right)^3 \times \dfrac{2}{5} = \dfrac{54}{625}$.

事件 $\{X = 4\}$ 表示通过这 4 个十字路口时全部遇到绿灯,从而

$$P\{X = 4\} = \left(\frac{3}{5}\right)^4 = \frac{81}{625}.$$

故 X 的分布律为

X	0	1	2	3	4
P	$\dfrac{2}{5}$	$\dfrac{6}{25}$	$\dfrac{18}{125}$	$\dfrac{54}{625}$	$\dfrac{81}{625}$

例 6 实力相当的两人进行某种对抗赛,假设每局都要决出胜负,问对于每个人,是"赛满五局至少三局获胜"的概率大,还是"赛满八局至少五局获胜"的概率大?

解 对于每个人,以 P_{53} 表示"五局三胜"获胜的概率,以 P_{85} 表示"八局五胜"获胜的概率,以 X_5 和 X_8 分别表示"五局三胜"获胜的次数和以"八局五胜"获胜的次数.那么,$X_5 \sim B(5, 0.5), X_8 \sim B(8, 0.5)$,因此,

$$P_{53} = P\{X_5 \geqslant 3\} = (C_5^3 + C_5^4 + C_5^5)\left(\frac{1}{2}\right)^5 = \frac{16}{32} = 0.5,$$

$$P_{85} = P\{X_8 \geqslant 5\} = (C_8^5 + C_8^6 + C_8^7 + C_8^8)\left(\frac{1}{2}\right)^8 = \frac{93}{256} \approx 0.363\ 3.$$

所以"赛满五局至少三局获胜"的概率较大.

例 7 设事件 A 在每一次试验中发生的概率为 0.3,当 A 发生不少于 3 次时,指示灯发出信号.(1)进行了 5 次重复独立试验,求指示灯发出信号的概率;(2)进行了 7 次重复独立试验,求指示灯发出信号的概率.

解 (1)以 X 表示在 5 次试验中 A 发生的次数,则 $X \sim B(5,0.3)$,"指示灯发出信号"可表示为 $\{X \geqslant 3\}$,故所求概率为

$$P\{X \geqslant 3\} = \sum_{k=3}^{5} C_5^k (0.3^k)(0.7^{5-k}) = 0.163,$$

$$P\{Y \geqslant 3\} = 1 - \sum_{k=0}^{2} C_7^k (0.3^k)(0.7^{7-k}) = 0.353.$$

例 8 分析病史资料表明:因患感冒而最终导致死亡的比例占 0.2%.假设目前正在患感冒的病人有 1 000 个,试求:

(1)最终恰好有 4 人死亡的概率;

(2)最终死亡人数不超过 2 个人的概率.

分析 这是二项分布的概率计算问题,由于 n 较大,p 很小,且 np 不大于 5,所以用泊松定理作近似计算.

解 用 X 表示 1 000 个病人中最终死亡的人数,则 $X \sim B(1\ 000, 0.002)$,$n =$

$1\,000, p = 0.002, np = 2$，由泊松定理知，$X$ 近似服从参数为 2 的泊松分布.

(1) 最终恰好有 4 人死亡的概率为

$$P\{X = 4\} = C_{1\,000}^4 \cdot (0.002^4) \cdot (0.998^{996}) \approx \frac{2^4}{4!} e^{-2}$$

$$= \sum_{k=0}^{4} \frac{2^k}{k!} e^{-2} - \sum_{k=0}^{3} \frac{2^k}{k!} e^{-2}$$

$$= 0.090\,2 \text{（查表得）}.$$

(2) 最终死亡人数不超过 2 个人的概率为

$$P\{X \leqslant 2\} = \sum_{k=0}^{2} P\{X = k\} = \sum_{k=0}^{2} C_{1\,000}^k \cdot (0.002^k) \cdot (0.998^{1\,000-k}) \approx \sum_{k=0}^{2} \frac{2^k}{k!} e^{-2} = 0.676\,7.$$

注　二项分布的泊松近似（即泊松定理），常常应用于如下问题：在一次试验中事件 A 发生的概率很小，但独立重复试验的次数 n 很大（np 不大，一般不超过 5），求事件 A 恰好或至少发生一次或几次的概率. 如求某段高速公路上至少发生一起交通事故的概率，或求保险业务中恰有、多于或少于几起理赔发生的概率等.

例 9　设生三胞胎的概率为 10^{-4}，求在 10 000 次生育中，恰有二次三胞胎的概率.

解　设 10 000 次生育中生三胞胎的次数为 X，则 $X \sim B(10\,000, 0.000\,1)$.

又 $\lambda = np = 10\,000 \times 0.000\,1 = 1$，由泊松定理知，所求概率为

$$P\{X = 2\} = C_{10\,000}^2 \cdot (0.000\,1^2) \cdot (0.999\,9^{9\,998}) \approx \frac{\lambda^2}{2!} e^{-\lambda} = \frac{1}{2e} \approx 0.183\,9.$$

注　泊松分布不仅仅是二项分布的一种近似分布，在实际生活有大量的随机变量都服从泊松分布. 例如，在一定时间内传呼台收到的呼叫次数；一定时间内，在超级市场排队等候付款的顾客人数；一匹布上的瑕点个数；一定区域内在显微镜下观察到的细菌个数；一定页数的书上出现印刷错误的页数等.

例 10　假设在一定时间内通过某交叉路口的救护车的辆数服从泊松分布，而且通过该交叉路口的救护车的平均辆数与时间的长度成正比. 已知一小时内没有救护车通过此交叉路口的概率为 0.02，试求两小时内至少有一辆救护车通过该交叉路口的概率 α.

解　以 $X(t)$ 表示在 t 小时内通过此交叉路口的救护车的辆数. 由条件知，$X(t) \sim P(kt)$，其中 k 是比例系数. 由条件知，

$$P\{X(1) = 0\} = e^{-k} = 0.02.$$

解得 $k = \ln 50$，所以两小时内至少有两辆救护车通过的概率为

$$\alpha = P\{X(2) \geqslant 1\} = 1 - P\{X(2) < 1\} = 1 - P\{X(2) = 0\} = 1 - e^{-2\ln 50} = 0.999\,6.$$

例 11　假设一生产线源源不断地加工某种可靠元件，其不合格品率为 $p = 0.3\%$. 一装置自动检测陆续生产的每一只元件，并将不合格品剔除. 试求：

(1) 剔除一件不合格品至少要加工 20 只元件的概率 α；

(2) 为使出现 1 件不合格品的概率不小于 0.95,所加工元件的最少只数 n.

解 这是一道涉及几何分布的题. 源源不断地加工元件,恰好出现 1 只不合格品时,已经生产元件只数 X 服从参数为 p 的几何分布.

(1) 出现 1 只不合格品已经生产元件只数 X 服从参数为 p 的几何分布,因此

$$\alpha = P\{X \geqslant 20\} = \sum_{k=20}^{\infty} p(1-p)^{k-1} = \frac{p(1-p)^{19}}{1-(1-p)} = (1-p)^{19} = (0.997)^{19} \approx 0.944\ 5.$$

(2) 现在求满足 $P\{X \leqslant n\} \geqslant Q = 0.95$ 的最小 n. 由

$$P\{X \leqslant n\} = \sum_{k=1}^{n} p(1-p)^{k-1} = 1 - (1-p)^n = 1 - (0.997)^n \geqslant 0.95,$$

可见 $(0.997)^n \leqslant 0.05$, 从而

$$n \geqslant \frac{\lg(1-Q)}{\lg(1-p)} = \frac{\lg 0.05}{\lg 0.997} \approx 997.08.$$

所以最少生产 998 只元件才能使出现 1 件不合格品的概率不小于 0.95.

例 12 一房间有 3 扇同样大小的窗子,其中只有一扇是打开的. 有一只鸟自开着的窗子飞入了房间,它只能从开着的窗子飞出去. 鸟在房子里飞来飞去,试图飞出房间. 假定鸟是没有记忆的,鸟飞向各扇窗子是随机的.

(1) 以 X 表示鸟为了飞出房间试飞的次数,求 X 的分布律.

(2) 户主声称,他养的这只鸟是有记忆的,它飞向任一窗子的尝试不多于一次. 以 Y 表示这只聪明的鸟为了飞出房间试飞的次数,如户主所说是事实,试求 Y 的分布律.

(3) 求试飞次数 X 小于 Y 的概率;求试飞次数 Y 小于 X 的概率.

解 (1) $P\{X = k\} = \left(\frac{2}{3}\right)^{k-1} \times \frac{1}{3}$, $k = 1, 2, \cdots$.

(2) $P\{Y = 1\} = \frac{1}{3}$.

$\{Y = 2\}$ 表示第一次试飞失败,而第二次成功,故

$$P\{Y = 2\} = \frac{2}{3} \times \frac{1}{2} = \frac{1}{3},$$

$$P\{Y = 3\} = \frac{2}{3} \times \frac{1}{2} \times 1 = \frac{1}{3}, \text{ 或 } P\{Y = 3\} = 1 - \frac{1}{3} - \frac{1}{3} = \frac{1}{3}.$$

即 Y 的分布律为 $P\{Y = i\} = \frac{1}{3}$, $i = 1, 2, 3$.

(3) $P\{X < Y\} = P\{X = 1, Y = 2\} + P\{X = 1, Y = 3\} + P\{X = 2, Y = 3\}$

$\qquad = P\{X = 1\} \cdot P\{Y = 2\} + P\{X = 1\} \cdot P\{Y = 3\} +$

$\qquad \quad P\{X = 2\} \cdot P\{Y = 3\}$

$\qquad = \frac{1}{3} \times \frac{1}{3} + \frac{1}{3} \times \frac{1}{3} + \frac{2}{9} \times \frac{1}{3} = \frac{8}{27}.$

$$P\{Y < X\} = 1 - P\{X < Y\} - P\{X = Y\} = 1 - \frac{8}{27} - \sum_{k=1}^{3} P\{X = k\} \cdot P\{Y = k\}$$

$$= 1 - \frac{8}{27} - \frac{1}{3} \times \frac{1}{3} - \frac{2}{9} \times \frac{1}{3} - \frac{4}{27} \times \frac{1}{3} = \frac{38}{81}.$$

例 13　设自动生产线在每次检修后出现不合格品的概率都为 0.1,且每当出现一件不合格品时,就停机检修,用 X 表示两次检修之间生产的合格品的件数.求:(1) X 的概率分布;(2) 两次检修之间生产的合格品数不少于 5 的概率.

分析　把每生产一件产品看做一次试验,每一次试验的结果只有两个:生产合格品或不合格品.现在所给的试验(序列)模型是:若生产了一个不合格品,则停机检修;若检修后生产了一个是合格品,则继续生产下去,直至生产了一个不合格品,又得停机检修.需要考察的随机变量是相邻两次检修之间生产的合格品数.

解　(1) 记 A 表示事件"生产的一个产品是合格品",由题意得,

$$P(A) = 0.9, \quad P(\overline{A}) = 1 - P(A) = 0.1.$$

两次检修之间生产的合格品数 X 的可能取值为 $0,1,2,\cdots$,事件 $\{X = k\}$ 表示在一次检修后到下一次停机检修时已生产了 k 个合格品,而第 $k+1$ 个是不合格品,因此 X 服从几何分布,分布律为

$$P(X = k) = P(\underbrace{AA\cdots A}_{k\uparrow}\overline{A}) = \underbrace{P(A)P(A)\cdots P(A)}_{k\uparrow}P(\overline{A})$$

$$= 0.9^k \times 0.1, \ k = 0,1,2,\cdots.$$

(2) $P(X \geqslant 5) = \sum_{k=5}^{\infty} P(X = k) = \sum_{k=5}^{\infty} 0.9^k \times 0.1 = 0.1 \times \frac{0.9^5}{1 - 0.9} = 0.9^5 = 0.590\,49.$

例 14　设一个试验只有两种结果:成功或失败,且每次试验成功的概率为 $p(0 < p < 1)$,现反复试验,直到获得 k 次成功为止.以 X 表示试验停止时一共进行的试验次数,求 X 的分布律.

分析　考虑的是独立重复试验序列,"直至事件 A 发生 k 次为止"表示至少需要进行 k 次试验,如果需要进行 $k+r$ 次试验,则表明前 $k+r-1$ 次试验中事件 A 恰好发生了 $k-1$ 次,而第 $k+r$ 次试验中事件 A 发生.

解　设事件 A 发生 k 次时所需要进行的试验次数为 X,则 X 的取值范围为 $k,k+1,k+2,\cdots$.事件 $\{X = n\}$ 表示前 $n-1$ 次试验中事件 A 恰好发生 $k-1$ 次,并且第 n 次试验中事件 A 发生,所以

$$P\{X = n\} = C_{n-1}^{k-1} p^{k-1}(1-p)^{n-k} \cdot p = C_{n-1}^{k-1} p^k (1-p)^{n-k}, n = k, k+1, \cdots.$$

注　此分布称为帕斯卡分布或负二项分布,当 $k = 1$ 时,即为几何分布.因此可以说几何分布是负二项分布的特殊情形.

例 15　判断下列函数是否为某随机变量的分布函数.

$$(1)\ F(x) = \begin{cases} 0, & x < -2, \\ \dfrac{1}{2}, & -2 \leqslant x < 0, \\ 1, & x \geqslant 0; \end{cases} \qquad (2)\ F(x) = \begin{cases} 0, & x < 0, \\ \sin x, & 0 \leqslant x < \pi, \\ 1, & x \geqslant \pi; \end{cases}$$

$$(3)\ F(x) = \begin{cases} 0, & x < 0, \\ \sin x, & 0 \leqslant x < \dfrac{\pi}{2}, \\ 1, & x \geqslant \dfrac{\pi}{2}; \end{cases} \qquad (4)\ F(x) = \begin{cases} 0, & x < 0, \\ x + \dfrac{1}{2}, & 0 \leqslant x < \dfrac{1}{2}, \\ 1, & x \geqslant \dfrac{1}{2}. \end{cases}$$

分析　要判断 $F(x)$ 是否为分布函数,需要验证 $F(x)$ 是否同时满足:单调非降,右连续,以及 $F(-\infty) = \lim\limits_{x \to -\infty} F(x) = 0$,$F(+\infty) = \lim\limits_{x \to +\infty} F(x) = 1$.

解　由 $F(x)$ 的表达式易知,第(1)(3)(4)各题中 $F(x)$ 在 $(-\infty, +\infty)$ 上单调不减,右连续,且 $\lim\limits_{x \to -\infty} F(x) = 0$,$\lim\limits_{x \to +\infty} F(x) = 1$,因此,它们均可作为随机变量的分布函数.第(2)题的 $F(x)$ 在 $\left(\dfrac{\pi}{2}, \pi\right)$ 内单调减少,因此它不可能是分布函数.

注　值得注意的是题(4)中的 $F(x)$ 作为分布函数的随机变量 X,既不是离散型的,也不是连续型的,因为 $F(x)$ 既不是阶梯函数,也不是连续函数.

例 16　设 $F_1(x)$ 与 $F_2(x)$ 都是分布函数,$a > 0, b > 0$ 为常数,且 $a + b = 1$,证明 $F(x) = aF_1(x) + bF_2(x)$ 也是一个分布函数.

证明　由条件 $F_1(x)$ 和 $F_2(x)$ 都是分布函数知,当 $x_1 < x_2$ 时,
$$F_1(x_1) \leqslant F_1(x_2), F_2(x_1) \leqslant F_2(x_2),$$
$$F(x_1) = aF_1(x_1) + bF_2(x_1) \leqslant aF_1(x_2) + bF_2(x_2) = F(x_2).$$
又
$$\begin{aligned} F(x+0) &= \lim_{x \to x+0} F(x) = \lim_{x \to x+0} \left(aF_1(x) + bF_2(x)\right) \\ &= a \lim_{x \to x+0} F_1(x) + b \lim_{x \to x+0} F_2(x) \\ &= aF_1(x) + bF_2(x) = F(x), \end{aligned}$$
$$\lim_{x \to -\infty} F(x) = \lim_{x \to -\infty} \left(aF_1(x) + bF_2(x)\right) = 0,$$
$$\lim_{x \to +\infty} F(x) = \lim_{x \to +\infty} \left(aF_1(x) + bF_2(x)\right) = a + b = 1,$$
故 $F(x)$ 是分布函数.

例 17　已知随机变量 X 的分布律为

X	-1	0	1	2
P	$\dfrac{1}{5}$	$\dfrac{2}{5}$	$\dfrac{1}{5}$	$\dfrac{1}{5}$

求:(1) X 的分布函数;(2) $P(0.5 < X \leqslant 3)$.

解 (1) 由于 X 的可能值为 $-1,0,1,2$,因此

当 $x < -1$ 时,事件 $\{X \leqslant x\}$ 为不可能事件,从而 $F(x) = P(\varnothing) = 0$;

当 $-1 \leqslant x < 0$ 时,

$$F(x) = P(X \leqslant x) = P(X < -1) + P(X = -1) + P(-1 < X \leqslant x)$$
$$= P(X = -1) = \frac{1}{5};$$

类似地,

当 $0 \leqslant x < 1$ 时,$F(x) = P(X = -1) + P(X = 0) = \frac{3}{5}$;

当 $1 \leqslant x < 2$ 时,$F(x) = P(X = -1) + P(X = 0) + P(X = 1) = \frac{4}{5}$;

当 $x \geqslant 2$ 时,事件 $\{X \leqslant x\}$ 为必然事件,从而 $F(x) = P(X \leqslant x) = 1$,
因此,X 的分布函数为

$$F(x) = \begin{cases} 0, & x < -1, \\ \dfrac{1}{5}, & -1 \leqslant x < 0, \\ \dfrac{3}{5}, & 0 \leqslant x < 1, \\ \dfrac{4}{5}, & 1 \leqslant x < 2, \\ 1, & x \geqslant 2. \end{cases}$$

(2) $P(0.5 < X \leqslant 3) = F(3) - F(0.5) = 1 - \dfrac{3}{5} = \dfrac{2}{5}$.

注 离散型随机变量的分布函数,是定义在 $(-\infty, +\infty)$ 上的阶梯函数,必须对 x 的值从小到大分段讨论,并且要注意 x 的各个取值范围中等号的位置.

例 18 已知随机变量 X 的分布函数为

$$F(x) = \begin{cases} 0, & x < -2, \\ 0.3, & -2 \leqslant x < 1, \\ 0.8, & 1 \leqslant x < 3, \\ 1, & x \geqslant 3. \end{cases}$$

求 X 的分布律.

分析 这是已知离散型随机变量 X 的分布函数求其分布律的问题,只需对 $F(x)$ 的所有分段点 x_0(也就是 X 的所有可能取值点)利用公式 $P(X = x_0) = F(x_0) - F(x_0 - 0)$ 即可.

解 X 的所有可能取值为 $-2,1,3$.

$P(X=-2) = F(-2) - F(-2-0) = 0.3 - 0 = 0.3$,

$P(X=1) = F(1) - F(1-0) = 0.8 - 0.3 = 0.5$,

$P(X=3) = F(3) - F(3-0) = 1 - 0.8 = 0.2$.

从而 X 的分布律为

X	-2	1	3
P	0.3	0.5	0.2

例 19 设连续型随机变量 X 的分布函数为

$$F(x) = \begin{cases} 0, & x < -a, \\ A + B\arcsin\dfrac{x}{a}, & -a \leqslant x < a, \\ 1, & x \geqslant a, \end{cases}$$

其中 $a > 0$. 求:(1) 常数 A 和 B;(2) 密度函数 $f(x)$;(3) $P\{-\dfrac{a}{2} < X < \dfrac{a}{2}\}$.

分析 求分布函数中的待定常数,一般做法是:根据分布函数的性质,主要是 $\lim\limits_{x \to +\infty} F(x) = 1$,$\lim\limits_{x \to -\infty} F(x) = 0$ 和连续性,列出含有待定常数的等式(方程)解之即可.

解 (1) 因为连续型随机变量的分布函数为连续函数,由

$$F(-a+0) = \lim_{x \to -a+0}\left(A + B\arcsin\frac{x}{a}\right) = A - \frac{\pi}{2}B,$$

$$F(-a-0) = 0,$$

可得方程:$A - \dfrac{\pi}{2}B = 0$.

再由

$$F(a+0) = 1,$$

$$F(a-0) = \lim_{x \to a-0}\left(A + B\arcsin\frac{x}{a}\right) = A + \frac{\pi}{2}B,$$

可得方程:$A + \dfrac{\pi}{2}B = 1$.

两个方程联立解出:$A = \dfrac{1}{2}$,$B = \dfrac{1}{\pi}$.

(2) $f(x) = F'(x)$,而

$$\left(\frac{1}{2} + \frac{1}{\pi}\arcsin\frac{x}{a}\right)' = \frac{1}{\pi} \cdot \frac{1}{\sqrt{1 - \left(\dfrac{x}{a}\right)^2}} \cdot \frac{1}{a} = \frac{1}{\pi\sqrt{a^2 - x^2}},$$

从而

$$f(x) = \begin{cases} \dfrac{1}{\pi\sqrt{a^2-x^2}}, & -a < x < a, \\ 0, & \text{其他.} \end{cases}$$

(3) $P\left(-\dfrac{a}{2} < X < \dfrac{a}{2}\right) = P\left(-\dfrac{a}{2} < X \leqslant \dfrac{a}{2}\right)$

$$= F\left(\dfrac{a}{2}\right) - F\left(-\dfrac{a}{2}\right) = \dfrac{2}{\pi}\arcsin\dfrac{1}{2} = \dfrac{1}{3}.$$

注　对于连续型随机变量,在 $f(x)$ 的连续点处,有 $f(x) = F'(x)$,对于 $f(x)$ 的不连续点 $\pm a$,本题(2)中,为简单起见,令 $f(\pm a) = 0$. 实际上,$f(x)$ 在 $\pm a$ 处可取任意非负值. 因为连续型随机变量 X 取任意值 x_0 的概率为零,即 $P(X = x_0) = 0$,因此改变密度函数个别点处的函数值并不影响随机变量 X 在任一区间上取值的概率.

例 20　设随机变量 X 的概率密度函数为 $f(x) = \dfrac{a}{\pi(1+x^2)}$,试确定 a 的值并求 $F(x)$ 和 $P\{|X|<1\}$.

解　由概率密度的规范性,有 $\displaystyle\int_{-\infty}^{+\infty} \dfrac{a}{\pi(1+x^2)}\mathrm{d}x = 1$,

即 $\dfrac{a}{\pi}\arctan x \Big|_{-\infty}^{+\infty} = 1$,所以 $a = 1$.

$F(x) = \displaystyle\int_{-\infty}^{x} \dfrac{a}{\pi(1+t^2)}\,\mathrm{d}t = \dfrac{1}{2} + \dfrac{1}{\pi}\arctan x\ (-\infty < x < +\infty)$,

$P\{|X|<1\} = F(1) - F(-1) = \left(\dfrac{1}{2} + \dfrac{1}{\pi}\arctan 1\right) - \left[\dfrac{1}{2} + \dfrac{1}{\pi}\arctan(-1)\right] = 0.5.$

例 21　设随机变量 X 的概率密度为

(1) $f(x) = \begin{cases} 2(1-1/x^2), & 1 \leqslant x \leqslant 2, \\ 0, & \text{其他;} \end{cases}$　(2) $f(x) = \begin{cases} x, & 0 \leqslant x < 1, \\ 2-x, & 1 \leqslant x < 2, \\ 0, & \text{其他.} \end{cases}$

求 X 的分布函数 $F(x)$,并画出(2)中的 $f(x)$ 及 $F(x)$ 的图形.

解　(1) $F(x) = \displaystyle\int_{-\infty}^{x} f(x)\mathrm{d}x$,

当 $1 \leqslant x \leqslant 2$ 时,$F(x) = \displaystyle\int_{1}^{x} 2\left(1-\dfrac{1}{t^2}\right)\mathrm{d}t = 2\left(x+\dfrac{1}{x}-2\right)$.

所以　$F(x) = \begin{cases} 0, & x < 1, \\ 2\left(x+\dfrac{1}{x}-2\right), & 1 \leqslant x \leqslant 2, \\ 1, & x > 2. \end{cases}$

(2) 当 $0 \leqslant x < 1$ 时，$F(x) = \int_0^x t \mathrm{d}t = \dfrac{x^2}{2}$.

当 $1 \leqslant x < 2$ 时，$F(x) = \int_0^1 t \mathrm{d}t + \int_1^x (2-t) \mathrm{d}t = 2x - \dfrac{x^2}{2} - 1$.

所以　　$F(x) = \begin{cases} 0, & x < 0, \\ \dfrac{x^2}{2}, & 0 \leqslant x < 1, \\ 2x - \dfrac{x^2}{2} - 1, & 1 \leqslant x < 2, \\ 1, & x \geqslant 2. \end{cases}$

例 22　设 $F_1(x)$，$F_2(x)$ 是随机变量的分布函数，$f_1(x)$，$f_2(x)$ 是相应的概率密度，则下列选项正确的是（　　）.

(A) $F_1(x) + F_2(x)$ 是分布函数　　　　(B) $F_1(x)F_2(x)$ 是分布函数

(C) $f_1(x) + f_2(x)$ 是概率密度　　　　(D) $f_1(x)f_2(x)$ 是概率密度

分析　该题宜用直选法，亦可采用排除法.

解法 1　直选法　设 $F(x) = F_1(x)F_2(x)$，只需证明 $F(x)$ 具有分布函数的三条基本性质.

由分布函数 $F_1(x)$ 和 $F_2(x)$ 的基本性质，可见 $0 \leqslant F(x) \leqslant 1$ 是单调不减的右连续函数，且满足 $F(-\infty) = 0$，$F(+\infty) = 1$，因此 $F(x) = F_1(x)F_2(x)$ 本身也是一个分布函数，于是(B)是正确选项；

解法 2　排除法　容易验证(A)(C)和(D)不成立，例如，$F_1(+\infty) + F_2(+\infty) = 2$，故 $F_1(x) + F_2(x)$ 不是分布函数，因此选项(A)错误. 由于

$$\int_{-\infty}^{+\infty} [f_1(x) + f_2(x)] \mathrm{d}x = 2,$$

可见 $f_1(x) + f_2(x)$ 不是概率密度，因此选项(C)错误. 最后，设 $f_1(x)$ 是标准正态密度，而 $f_2(x)$ 是区间 $[0,1]$ 上的均匀分布密度，则

$$\int_{-\infty}^{+\infty} f_1(x)f_2(x) \mathrm{d}x = \frac{1}{\sqrt{2\pi}} \int_0^1 \mathrm{e}^{-\frac{x^2}{2}} \mathrm{d}x \neq 1.$$

因此选项(D)错误. 故只有(B)是正确选项.

例 23　一教授当下课铃打响时，他还不结束讲解，他常结束他的讲解在铃响后的一分钟以内. 以 X 表示铃响至结束讲解的时间，设 X 的概率密度为 $f(x) = \begin{cases} kx^2, & 0 \leqslant x \leqslant 1, \\ 0, & \text{其他.} \end{cases}$ (1)确定 k；(2)求 $P\left\{X \leqslant \dfrac{1}{3}\right\}$；(3)求 $P\left\{\dfrac{1}{4} \leqslant X \leqslant \dfrac{1}{2}\right\}$；(4)求 $P\left\{X > \dfrac{2}{3}\right\}$.

解　(1)根据 $1 = \int_{-\infty}^{+\infty} f(x)\mathrm{d}x = \int_0^1 kx^2\mathrm{d}x = \dfrac{k}{3}$，得到 $k = 3$.

(2) $P\left\{X \leqslant \dfrac{1}{3}\right\} = \int_0^{1/3} 3x^2\mathrm{d}x = \left(\dfrac{1}{3}\right)^3 = \dfrac{1}{27}$.

(3) $P\left\{\dfrac{1}{4} \leqslant X \leqslant \dfrac{1}{2}\right\} = \int_{1/4}^{1/2} 3x^2\mathrm{d}x = \left(\dfrac{1}{2}\right)^3 - \left(\dfrac{1}{4}\right)^3 = \dfrac{7}{64}$.

(4) $P\left\{X > \dfrac{2}{3}\right\} = \int_{2/3}^1 3x^2\mathrm{d}x = 1 - \left(\dfrac{2}{3}\right)^3 = \dfrac{19}{27}$.

例 24　设随机变量 X 的密度函数为

$$f(x) = \begin{cases} A\sin x, & 0 \leqslant x \leqslant \pi, \\ 0, & \text{其他}. \end{cases}$$

对 X 独立观察 4 次，随机变量 Y 表示观察值大于 $\dfrac{\pi}{3}$ 的次数. 求：(1) 常数 A；(2) Y 的分布律.

解　(1) 由 $\int_{-\infty}^{+\infty} f(x)\mathrm{d}x = \int_{-\infty}^0 0\mathrm{d}t + \int_0^\pi A\sin t\mathrm{d}t + \int_\pi^{+\infty} 0\mathrm{d}x = -A\cos t\Big|_0^\pi = 2A = 1$，

解得 $A = 0.5$.

(2) 设事件 A 表示观察值大于 $\dfrac{\pi}{3}$，则

$$P(A) = P\left\{X > \dfrac{\pi}{3}\right\} = \int_{\frac{\pi}{3}}^\pi 0.5\sin t\mathrm{d}t = -0.5\cos t\Big|_{\frac{\pi}{3}}^\pi = 0.75.$$

依题意，Y 服从二项分布 $B(4, 0.75)$.

例 25　某仪器装有 3 个独立工作的同型号电子元件，其寿命 X（单位：小时）的密度函数为

$$f(x) = \begin{cases} \dfrac{100}{x^2}, & x > 100, \\ 0, & x \leqslant 100. \end{cases}$$

试求：(1) X 的分布函数；(2) 在最初的 150 小时内没有一个电子元件损坏的概率.

解　(1) 当 $x < 100$ 时，$F(x) = 0$.

当 $x \geqslant 100$ 时，

$$F(x) = \int_{-\infty}^x f(t)\mathrm{d}t = \int_{100}^x \dfrac{100}{t^2}\mathrm{d}t = 1 - \dfrac{100}{x}.$$

因此分布函数为

$$F(x) = \begin{cases} 1 - \dfrac{100}{x}, & x \geqslant 100, \\ 0, & x < 100. \end{cases}$$

（2）没有一个电子元件损坏的充要条件是每个元件都能正常工作,而这里三个元件的工作是相互独立的,因此,若用 A 表示"在最初的 150 小时内没有一个电子元件损坏",则

$$P(A) = [P\{X > 150\}]^3 = \left(\int_{150}^{+\infty} \frac{100}{x^2} \mathrm{d}x\right)^3 = \left(\frac{2}{3}\right)^3 = \frac{8}{27}.$$

例 26 设某地区成人的身高(单位:cm)服从正态分布 $N(172, 8^2)$,问公共汽车车门的高度为多少时才能以 95% 的概率保证该地区的成人在乘车时不会碰到车门?

解 设该地区成人的身高为 X,车门高度为 h,本题为已知 $P\{X < h\} \geqslant 0.95$,求 h.
因为 $X \sim N(172, 8^2)$,由题设知,

$$P\{X < h\} = P\left\{\frac{X-172}{8} < \frac{h-172}{8}\right\} = \Phi\left(\frac{h-172}{8}\right) \geqslant 0.95.$$

查表可知,$\Phi(1.65) = 0.950\,5 > 0.95$.

于是,$\dfrac{h-172}{8} = 1.65$,解得 $h = 185.158\,8$,故取 $h = 186$,即车门高度应定为186 cm,男子与车门碰头的机会不超过 0.05.

例 27 由某机器生产的螺栓的长度(cm)服从参数 $\mu = 10.05, \sigma = 0.06$ 的正态分布.规定长度在范围 10.05 ± 0.12 内为合格品.求一螺栓为不合格品的概率.

解 记螺栓的长度为 X,则 $X \sim N(10.05, 0.06^2)$,螺栓为不合格品的概率为

$$P\{|X - 10.05| > 0.12\} = P\left\{\left|\frac{X-10.05}{0.06}\right| > 2\right\} = 2\Phi(2) - 1$$
$$= 2 \times 0.977\,2 - 1 = 0.045\,6.$$

例 28 某厂生产 1 kg 的罐装咖啡,自动包装线上的大量数据表明,每罐重量是服从 σ 为 0.1 kg 的正态分布 $N(\mu, 0.1^2)$,为了使每罐咖啡少于 1 kg 的罐头不超过 10%,应把自动包装线控制的平均值 μ 调节到什么位置?

解 设 X 为一罐咖啡的质量,则 $X \sim N(\mu, 0.1^2)$,本题是要确定参数 μ,使得 $P(X < 1) \leqslant 0.1$.

由 $P(X < 1) = \Phi\left(\dfrac{1-\mu}{0.1}\right) \leqslant 0.1$,即 $\Phi\left(\dfrac{\mu-1}{0.1}\right) \geqslant 0.9$,查表知,$\dfrac{\mu-1}{0.1} \geqslant 1.28$,解得 $\mu \geqslant 1.128$.

故应把自动包装线控制的均值调到 1.128 kg 的位置上才能保证咖啡少于 1 kg 的罐头不超过 10%.

例 29 已知随机变量 X 的分布律为

X	-2	-1	0	1
P	$\frac{1}{6}$	$\frac{1}{3}$	$\frac{1}{6}$	$\frac{1}{3}$

求下列随机变量函数的分布律:

(1) $Y = X - 2$; (2) $Z = 2X^2 + 1$.

分析 求离散型随机变量函数 $Y = g(X)$ 的分布律,分两步:第一步,求 Y 的所有可能值 $y_i = g(x_i)$,$i = 1,2,3,\cdots$;第二步,求 Y 取每一个可能值 y_i 的概率 $P(Y = y_i) = P(X = x_i)$,$i = 1,2,3,\cdots$. 注意应将相同的 y_i 的值所对应的概率相加.

解 (1) 由 $Y = X - 2$ 可知,Y 的可能取值为 $-4,-3,-2,-1$.

$$P(Y = -4) = P(X - 2 = -4) = P(X = -2) = \frac{1}{6}.$$

同理可求得:$P(Y = -3) = \frac{1}{3}$,$P(Y = -2) = \frac{1}{6}$,$P(Y = -1) = \frac{1}{3}$.

故 Y 的分布律为

Y	-4	-3	-2	-1
P	$\frac{1}{6}$	$\frac{1}{3}$	$\frac{1}{6}$	$\frac{1}{3}$

(2) 由 $Z = 2X^2 + 1$ 可知 Z 的可能取值为 $1,3,9$.

$$P(Z = 1) = P(2X^2 + 1 = 1) = P(X = 0) = \frac{1}{6},$$

$$P(Z = 3) = P(2X^2 + 1 = 3)$$
$$= P(X^2 = 1) = P(X = 1) + P(X = -1) = \frac{2}{3},$$

$$P(Z = 9) = P(2X^2 + 1 = 9) = P(X = -2) = \frac{1}{6}.$$

从而可得 Z 的分布律为

Z	1	3	9
P	$\frac{1}{6}$	$\frac{2}{3}$	$\frac{1}{6}$

注 本题也可以先列表,如问题(2):

X	-2	-1	0	1
$Z = 2X^2 + 1$	9	3	1	3
P	$\frac{1}{6}$	$\frac{1}{3}$	$\frac{1}{6}$	$\frac{1}{3}$

然后把上表中 Z 取值相同的对应概率相加,并按习惯将 Z 的值从小到大排列,得分布律

Z	1	3	9
P	$\frac{1}{6}$	$\frac{2}{3}$	$\frac{1}{6}$

例 30 假设 $X \sim N(0,1)$. 问随机变量

$$Y = \begin{cases} X, & \text{若} \mid X \mid \leqslant 1 \\ -X, & \text{若} \mid X \mid > 1 \end{cases}$$

服从什么分布?

解 设 $\Phi(x)$ 是标准正态分布函数. 由标准正态分布的对称性,对任意 $x < -1$,有

$$P\{Y \leqslant x\} = P\{-X \leqslant x\} = P\{X \geqslant x\} = 1 - P\{X < -x\}$$
$$= 1 - P\{X > x\} = P\{X \leqslant x\} = \Phi(x).$$

对于任意 $x > 1$,由于对于标准正态分布 $P\{X > 1\} = P\{X \leqslant -1\}$,可见

$$P\{Y \leqslant x\} = P\{Y \leqslant -1\} + P\{-1 < Y \leqslant 1\} + P\{1 < Y \leqslant x\}$$
$$= P\{-X \leqslant -1\} + P\{-1 < X \leqslant 1\} + P\{1 < -X \leqslant x\}$$
$$= P\{X \geqslant 1\} + P\{-1 < X \leqslant 1\} + P\{-x \leqslant X < -1\}$$
$$= 1 - P\{X < 1\} + P\{X < 1\} - P\{X < -1\} + P\{X < -1\} - P\{X < -x\}$$
$$= 1 - P\{X < -x\} = 1 - P\{X > x\} = P\{X \leqslant x\} = \Phi(x).$$

对任意 $-1 \leqslant x \leqslant 1$,由于对于标准正态分布 $P\{X > 1\} = P\{X \leqslant -1\}$,可见

$$P\{Y \leqslant x\} = P\{Y \leqslant -1\} + P\{-1 < Y \leqslant x\}$$
$$= P\{-X \leqslant -1\} + P\{-1 < X \leqslant x\}$$
$$= P\{X \geqslant 1\} + P\{X \leqslant x\} - P\{X \leqslant -1\}$$
$$= P\{X \leqslant x\} = \Phi(x).$$

综上所述,随机变量 Y 服从标准正态分布.

例 31 设随机变量 X 服从区间 $(0,1)$ 上的均匀分布,求如下随机变量 Y 的概率密度 $g(y)$,如果:(1) $Y = X^2$;(2) $Y = 1/X$;(3) $Y = \mid X \mid$;(4) $Y = \ln(1/X)$;(5) $Y = -\ln(1-X)$.

解 随机变量 X 的概率密度和分布函数相应为

$$f(x) = \begin{cases} 1, & 0 < x < 1, \\ 0, & \text{其他}. \end{cases}$$

(1) 当 $y \notin (0,1)$ 时,显然 $g(y) = 0$;对于 $y \in (0,1)$,有

$$G(y) = P\{Y \leqslant y\} = P\{X^2 \leqslant y\} = P\{X \leqslant \sqrt{y}\} = \sqrt{y}.$$

所以

$$g(y) = G'(y) = \begin{cases} \dfrac{1}{2\sqrt{y}}, & 0 < y < 1, \\ 0, & \text{其他.} \end{cases}$$

(2) 当 $y \leqslant 1$ 时,显然 $g(y) = 0$;对于 $y > 1$,有

$$G(y) = P\{Y \leqslant y\} = P\left\{\dfrac{1}{X} \leqslant y\right\} = P\left\{X \geqslant \dfrac{1}{y}\right\} = 1 - \dfrac{1}{y}.$$

所以

$$g(y) = G'(y) = \begin{cases} \dfrac{1}{y^2}, & y > 1, \\ 0, & y \leqslant 1. \end{cases}$$

(3) 当 $y \notin (0,1)$ 时,显然 $g(y) = 0$;对于 $y \in (0,1)$,有

$$G(y) = P\{Y \leqslant y\} = P\{|X| \leqslant y\} = P\{X \leqslant y\} = y.$$

所以

$$g(y) = \begin{cases} 1, & 0 < y < 1, \\ 0, & \text{其他.} \end{cases}$$

(4) 当 $y \leqslant 0$ 时,显然 $g(y) = 0$;对于 $y > 0$,有

$$G(y) = P\{Y \leqslant y\} = P\left\{\ln\dfrac{1}{X} \leqslant y\right\} = P\{X \geqslant e^{-y}\} = 1 - e^{-y}.$$

所以

$$g(y) = G'(y) = \begin{cases} e^{-y}, & y > 0, \\ 0, & y \leqslant 0. \end{cases}$$

(5) 当 $y \leqslant 0$ 时,显然 $g(y) = 0$;对于 $y > 0$,有

$$G(y) = P\{Y \leqslant y\} = P\{-\ln(1-X) \leqslant y\} = P\{1 - X \geqslant e^{-y}\}$$
$$= P\{X \leqslant 1 - e^{-y}\} = 1 - e^{-y}.$$

所以

$$g(y) = G'(y) = \begin{cases} e^{-y}, & y > 0, \\ 0, & y \leqslant 0. \end{cases}$$

例 32 假设随机变量 $X \sim N(0,1)$,求 $Y = 2X^2 + 1$ 的密度函数.

解 当 $y < 1$ 时,$f_Y(y) = 0$;

当 $y \geqslant 1$ 时,$F_Y(y) = P\{Y \leqslant y\} = P\{2X^2 + 1 \leqslant y\}$

$$= P\left\{-\sqrt{\dfrac{y-1}{2}} \leqslant X \leqslant \sqrt{\dfrac{y-1}{2}}\right\} = 2\Phi\left(\sqrt{\dfrac{y-1}{2}}\right) - 1.$$

所以　$f_Y(y) = \dfrac{\mathrm{d}}{\mathrm{d}y}\left[2\Phi\left(\sqrt{\dfrac{y-1}{2}}\right) - 1\right] = 2 \cdot \dfrac{1}{\sqrt{2\pi}} e^{-\frac{1}{4}(y-1)} \cdot \dfrac{1}{2\sqrt{2(y-1)}}$

$$= \frac{1}{2\sqrt{\pi(y-1)}} e^{-\frac{1}{4}(y-1)}.$$

于是 $Y = 2X^2 + 1$ 的概率密度为

$$f_Y(y) = \begin{cases} \dfrac{1}{2\sqrt{\pi(y-1)}} e^{-\frac{1}{4}(y-1)}, & y \geqslant 1, \\ 0, & \text{其他.} \end{cases}$$

例 32 设随机变量 X 服从参数为 2 的指数分布,证明 $Y = e^{-2X}$ 服从 $U(0,1)$.

证 因为 $X \sim E(2)$,所以 X 的密度函数为

$$f_X(x) = \begin{cases} 2e^{-2x}, & x \geqslant 0, \\ 0, & x < 0. \end{cases}$$

当 $y < 0$ 时,$F_Y(y) = 0$.

当 $0 \leqslant y < 1$ 时,

$$F_Y(y) = P\{e^{-2X} \leqslant y\} = P\{X \geqslant -\frac{1}{2}\ln y\}$$

$$= 1 - P\left\{X < -\frac{1}{2}\ln y\right\} = 1 - \int_0^{-\frac{1}{2}\ln y} 2e^{-2x}\,\mathrm{d}x.$$

利用变限积分求导,得

$$F'_Y(y) = 2e^{\ln y} \cdot \frac{1}{2} \cdot \frac{1}{y} = 1.$$

当 $y \geqslant 1$ 时,

$$F_Y(y) = P\{e^{-2X} \leqslant y\} = 1.$$

于是

$$f_Y(y) = F'_Y(y) = \begin{cases} 1, & 0 < y < 1, \\ 0, & \text{其他,} \end{cases}$$

即 Y 服从 $(0,1)$ 上的均匀分布.

§2.3 练习题

1. 掷一颗均匀骰子两次,以 X 表示前后两次出现的点数之和,Y 表示两次中所得的最小点数,求:(1) X 的分布律;(2) Y 的分布律.

2. 设离散型随机变量 X 的分布律为

$$P\{X = k\} = \frac{C}{15}, \quad k = 1,2,3,4,5.$$

(1) 试确定常数 C;(2) 求 $P\{1 \leqslant X \leqslant 3\}$;(3) $P\{0.5 < X < 2.5\}$.

3. 一批产品共有 100 件,其中 10 件是次品,从中任取 5 件产品进行检验,如果 5 件

都是正品,则这批产品被接收,否则不接收这批产品.求:(1) 5 件产品中次品数 X 的分布律;(2)不接收这批产品的概率.

4. 一个工人同时看管 5 部机器,在一小时内每部机器需要照看的概率是 $\frac{1}{3}$.求:(1)在一小时内没有 1 部机器需要照看的概率;(2)在一小时内至少有 4 部机器需要照看的概率.

5. 甲、乙两人投篮,投中的概率分布为 0.6,0.7.两人各投 3 次,求:(1)两人投中次数相等的概率;(2)甲比乙投中次数多的概率.

6. 假设某药物产生副作用的概率为 2‰,试求在 1 000 例服该药的患者中:

(1) 恰好有 0,1,2,3 例出现副作用的概率,并利用泊松分布求其近似值;

(2) 最少有一例出现副作用的概率,并利用泊松分布求其近似值.

7. 设随机变量 X 服从泊松分布,且已知 $P\{X=1\}=P\{X=2\}$,求 $P\{X=4\}$.

8. 假设每个粮仓内老鼠的数目 X 服从泊松分布,根据统计资料,一个粮仓内有老鼠与无老鼠的概率相等,求 1 个粮仓内只有一只老鼠的概率.

9. 设某人造卫星偏离预定轨道的距离 $X \sim N(0,4^2)$（单位:m）,观测者把偏离值超过 10 m 时称作"失败",求 5 次独立观测中有 1 次"失败"的概率.

10. 设随机变量 $X \sim U[1,5]$,求关于 t 的方程 $t^2+Xt+1=0$ 有实根的概率.

11. 某商店出售某种物品,根据以往的经验,每月销售量 X 服从参数 $\lambda=4$ 的泊松分布.问在月初进货时,要进多少才能以 99% 的概率充分满足顾客的需要?

12. 设随机变量 X 的分布函数为

$$F(x) = \begin{cases} 0, & x < 0, \\ x^2, & 0 \leqslant x < 1, \\ 1, & x \geqslant 1. \end{cases}$$

试求 $P\{X \leqslant 0.5\}, P\{-1 < X \leqslant 0.25\}$.

13. 设连续型随机变量 X 的分布函数为

$$F(x) = \begin{cases} a + be^{-\frac{x^2}{2}}, & x \geqslant 0, \\ 0, & x < 0. \end{cases}$$

求:(1) 常数 a 和 b;(2)随机变量 X 的密度函数.

14. 随机变量 X 的分布函数为 $F(x) = \begin{cases} 0, & x < 0, \\ \sin(cx), & 0 \leqslant x < 2, \\ 1, & x \geqslant 2. \end{cases}$

求:(1)常数 c;(2)X 的密度函数.

15. 设随机变量 X 的密度函数为

$$f(x) = \begin{cases} k - |x|, & -1 < x < 1, \\ 0, & \text{其他}. \end{cases}$$

求：(1) 常数 k；(2) $P\{-0.5 < X \leqslant 0.5\}$；(3) 分布函数 $F(x)$.

16. 已知随机变量 X 的密度函数为 $f(x) = A e^{-|x|}$，试求：(1) 常数 A；(2) X 的分布函数.

17. 随机变量 X 的密度函数为

$$f(x) = \begin{cases} \dfrac{k}{\sqrt{x}}, & 0 < x < 1, \\ 0, & \text{其他}. \end{cases}$$

求：(1) k；(2) X 的分布函数；(3) $P\left\{X < \dfrac{1}{2}\right\}$.

18. 随机变量 X 的密度函数为

$$f(x) = \begin{cases} ax + b, & 0 < x < 1, \\ 0, & \text{其他}. \end{cases}$$

又已知 $P\left\{X < \dfrac{1}{3}\right\} = P\left\{X > \dfrac{1}{3}\right\}$，试求常数 a 和 b.

19. 设随机变量 X 的分布函数为

$$F(x) = \begin{cases} A(1 - e^{-x}), & x \geqslant 0, \\ 0, & x < 0. \end{cases}$$

试求：(1) 系数 A；(2) X 的密度函数；(3) $P\{1 < X \leqslant 3\}$.

20. 某种型号的电子管寿命 X（以小时计）的概率密度为

$$f_X(x) = \begin{cases} \dfrac{1\,000}{x^2}, & x > 1\,000, \\ 0, & \text{其他}. \end{cases}$$

现有一大批此种管子（假设各电子管损坏与否相互独立），任取 5 只，问其中至少有 2 只寿命大于 1 500 h 的概率是多少？

21. 据 X 和 Y 的取值是相互独立的，它们都服从区间 $[1, 3]$ 上的均匀分布. 设事件 A = "$X \leqslant a$"，事件 B = "$Y > a$"，如果已知 $P(A \bigcup B) = \dfrac{7}{9}$，求常数 a.

22. X 的分布律为

X	-1	0	1	2
p_k	0.2	0.25	0.3	0.25

求 $Y = X^2 + 1$ 的分布率.

23. 设随机变量 $X \sim N(0,1)$，求 $Y = X^2$ 的概率密度.

24. 设随机变量 X 的密度函数为 $f(x) = \dfrac{1}{\pi(1+x^2)}(-\infty < x < \infty)$，求：

（1）$Y = \arctan X$ 的密度函数；（2）$Z = 1 - \sqrt[3]{X}$ 的密度函数.

第三章 多维随机变量及其分布

§3.1 内容提要

一、二维随机变量

1. 二维随机变量

设 X,Y 是定义在同一样本空间 S 上的随机变量,称向量 (X,Y) 是二维随机变量.

2. 联合分布函数

设 (X,Y) 是二维随机变量,对任意实数 x,y,称二元函数

$$F(x,y) = P\{X \leqslant x, Y \leqslant y\}$$

为二维随机变量 (X,Y) 的联合分布函数.

3. 边缘分布函数

二维随机变量 (X,Y) 的每一个分量的分布函数 $F_X(x) = P\{X \leqslant x\}$ 和 $F_Y(y) = P\{Y \leqslant y\}$,称为联合分布函数 $F(x,y)$ 的边缘分布函数. 其计算公式为

$$F_X(x) = \lim_{y \to +\infty} F(x,y) \text{ 和 } F_Y(y) = \lim_{x \to +\infty} F(x,y).$$

4. 联合分布函数的性质

(1) $0 \leqslant F(x,y) \leqslant 1$;

(2) 对任意固定的 y,$F(-\infty, y) = 0$;

  对任意固定的 x,$F(x, -\infty) = 0$;

  $F(-\infty, -\infty) = 0, F(+\infty, +\infty) = 1$;

(3) $F(x,y)$ 关于 x 和 y 均为单调不减函数;

(4) $F(x,y)$ 关于 x 和 y 均为右连续;

(5) 对于任意实数 $x_1 < x_2, y_1 < y_2$,有

$$P\{x_1 < X \leqslant x_2, y_1 < Y \leqslant y_2\} = F(x_2, y_2) - F(x_2, y_1) - F(x_1, y_2) + F(x_1, y_1).$$

二、二维离散型随机变量

1. 二维离散型随机变量

若 X,Y 都是离散型随机变量,则称 (X,Y) 为二维离散型随机变量.

2.联合分布律

假设二维随机变量 (X,Y) 的所有可能取值为 $\{(x_i,y_j),i,j=1,2,\cdots\}$，则概率

$$P\{X=x_i,Y=y_j\}=p_{ij},i,j=1,2,\cdots$$

的全体称为二维随机变量 (X,Y) 的联合分布律.

3.边缘分布律

称随机变量 X 的分布律 $P\{X=x_i\}=p_{i.}(i=1,2,\cdots)$ 为二维离散型随机变量 $(X,$ $Y)$ 关于随机变量 X 的边缘分布律;称随机变量 Y 的分布律 $P\{Y=y_j\}=p_{.j}(j=1,2,$ $\cdots)$ 为二维离散型随机变量 (X,Y) 关于随机变量 Y 的边缘分布律,其计算公式为

$$P\{X=x_i\}=\sum_j\{X=x_i,Y=y_j\}=\sum_j p_{ij},$$
$$P\{Y=y_j\}=\sum_i\{X=x_i,Y=y_j\}=\sum_i p_{ij}.$$

4.联合分布律的性质

(1) $0\leqslant p_{ij}\leqslant 1$, $i,j=1,2,\cdots$;　　(2) $\sum_i\sum_j p_{ij}=1.$

三、二维连续型随机变量

1.二维连续型随机变量和联合密度函数

设 $F(x,y)$ 是二维随机变量 (X,Y) 的联合分布函数,如果存在一个非负可积函数 $f(x,y)$,使得对任意的实数 x,y,有

$$F(x,y)=\int_{-\infty}^x\int_{-\infty}^y f(u,v)\mathrm{d}u\mathrm{d}v,$$

则称 (X,Y) 是二维连续型随机变量,称 $f(x,y)$ 为二维连续型随机变量 (X,Y) 的联合密度函数或联合概率密度.

2.边缘密度函数

称随机变量 X,Y 的密度函数 $f_X(x)$ 和 $f_Y(y)$ 分别为二维连续型随机变量 (X,Y) 关于随机变量 X 和 Y 的边缘密度函数,其计算公式为

$$f_X(x)=\int_{-\infty}^{+\infty}f(x,y)\mathrm{d}y \ \text{和} \ f_Y(y)=\int_{-\infty}^{+\infty}f(x,y)\mathrm{d}x.$$

3.联合密度函数的性质

(1) 非负性　$f(x,y)\geqslant 0$;

(2) 规范性　$\int_{-\infty}^{+\infty}\int_{-\infty}^{+\infty}f(x,y)\mathrm{d}x\mathrm{d}y=1$;

(3) 若 $f(x,y)$ 连续,则 $\dfrac{\partial^2 F(x,y)}{\partial x\partial y}=f(x,y)$;

(4) $P\{(X, Y) \in D\} = \iint\limits_{D} f(x, y)\mathrm{d}x\mathrm{d}y$,其中 D 为平面上任一区域.

四、随机变量的独立性

1. 随机变量的独立性

设 $F(x, y)$ 及 $F_X(x)$,$F_Y(y)$ 分别是二维随机变量 (X, Y) 的联合分布函数及边缘分布函数. 如果对任意的 x, y,有 $F(x, y) = F_X(x) \cdot F_Y(y)$,则称随机变量 X 和 Y 是相互独立的.

2. 离散型随机变量独立性的判别方法

设 (X, Y) 是二维离散型随机变量,随机变量 X 和 Y 相互独立的充要条件是对任何 $i, j = 1, 2, \cdots$,有 $P\{X = x_i, Y = y_j\} = P\{X = x_i\} \cdot P\{Y = y_j\}$,即 $p_{ij} = p_i. \cdot p._j$ 成立.

3. 连续型随机变量独立性的判别方法

设 $f(x, y)$ 为二维连续型随机变量 (X, Y) 的联合密度函数,$f_X(x)$ 和 $f_Y(y)$ 是边缘密度函数,随机变量 X 和 Y 相互独立的充要条件是对任意的 x, y,有 $f(x, y) = f_X(x) \cdot f_Y(y)$ 成立.

五、条件分布

1. 离散型随机变量的条件分布律

设 $P\{X = x_i, Y = y_j\} = p_{ij}(i, j = 1, 2, \cdots)$ 为二维离散型随机变量 (X, Y) 的联合分布律,在给定 $Y = y_j$ 条件下随机变量 X 的分布律为

$$P\{X = x_i \mid Y = y_j\} = \frac{P\{X = x_i, Y = y_j\}}{P\{Y = y_j\}} = \frac{p_{ij}}{p._j}, \ i = 1, 2, \cdots.$$

在给定 $X = x_i$ 下随机变量 Y 的条件分布律为

$$P\{Y = y_j \mid X = x_i\} = \frac{P\{X = x_i, Y = y_j\}}{P\{X = x_i\}} = \frac{p_{ij}}{p_i.}, \ j = 1, 2, \cdots.$$

2. 连续型随机变量的条件密度函数

设 $f(x, y)$ 为二维连续型随机变量 (X, Y) 的联合密度函数,$f_X(x)$ 和 $f_Y(y)$ 为边缘密度函数,在给定 $Y = y$ 下随机变量 X 的条件密度函数为

$$f_{X|Y}(x \mid y) = \frac{f(x, y)}{f_Y(y)}.$$

在给定 $X = x$ 下随机变量 Y 的条件密度函数为

$$f_{Y|X}(y \mid x) = \frac{f(x, y)}{f_X(x)}.$$

六、随机变量函数的分布

1. 离散型随机变量函数的分布

设 $P\{X=x_i,Y=y_j\}=p_{ij}(i,j=1,2,\cdots)$ 为二维离散型随机变量 (X,Y) 的联合分布律,则随机变量 $Z=h(X,Y)$ 的分布律为

$$P\{Z=z_k\}=\sum_{h(x_i,y_j)=z_k}P\{X=x_i,Y=y_j\}.$$

2. 连续型随机变量函数的分布

设 $f(x,y)$ 为二维连续型随机变量 (X,Y) 的联合密度函数,为求 $Z=h(X,Y)$ 的密度函数,可以先求出 Z 的分布函数,再求导得到 Z 的密度函数,具体步骤为

(1) $F_Z(z)=P\{Z\leqslant z\}=P\{h(X,Y)\leqslant z\}=\iint\limits_{h(x,y)\leqslant z}f(x,y)\mathrm{d}x\mathrm{d}y$;

(2) $f_Z(z)=F'_Z(z).$

3. 两个连续型随机变量和的分布

二维连续型随机变量 (X,Y) 的联合密度函数 $f(x,y)$,则 $Z=X+Y$ 的概率密度的计算公式为

$$f_Z(z)=\int_{-\infty}^{+\infty}f(x,z-x)\mathrm{d}x \quad 或 \quad f_Z(z)=\int_{-\infty}^{+\infty}f(z-y,y)\mathrm{d}y.$$

特别地,如果随机变量 X 与 Y 相互独立,概率密度分别为 $f_X(x)$ 与 $f_Y(y)$,则 $Z=X+Y$ 的概率密度的计算公式为

$$f_Z(z)=\int_{-\infty}^{+\infty}f_X(x)f_Y(z-x)\mathrm{d}x \quad 或 \quad f_Z(z)=\int_{-\infty}^{+\infty}f_X(z-y)f_Y(y)\mathrm{d}y.$$

上述两式称为卷积公式.

七、常见的多维分布

1. 二维均匀分布

设 D 为平面上的有限区域,S_D 为区域 D 的面积,若 (X,Y) 的联合密度函数为

$$f(x,y)=\begin{cases}\dfrac{1}{S_D}, & (x,y)\in D,\\ 0, & 其他,\end{cases}$$

则称 (X,Y) 服从区域 D 上的均匀分布.

2. 二维正态分布

若 (X,Y) 的联合密度函数为

$$f(x,y)=\frac{1}{2\pi\sigma_1\sigma_2\sqrt{1-\rho^2}}\exp\left\{-\frac{1}{2(1-\rho^2)}\left[\left(\frac{x-\mu_1}{\sigma_1}\right)^2-2\rho\frac{x-\mu_1}{\sigma_1}\frac{y-\mu_2}{\sigma_2}+\left(\frac{y-\mu_2}{\sigma_2}\right)^2\right]\right\},$$

其中 μ_1, μ_2, $\sigma_1 > 0$, $\sigma_2 > 0$, $|\rho| < 1$ 为常数,则称 (X, Y) 服从参数为 μ_1, μ_2, σ_1^2, σ_2^2, ρ 的二维正态分布,记为 $(X, Y) \sim N(\mu_1, \mu_2, \sigma_1^2, \sigma_2^2, \rho)$.

§3.2 例题解析

例 1 假设二维随机变量 (X, Y) 的联合分布律为

X \ Y	0	3
1	0.2	0.3
2	0.2	0.3

试求二维随机变量 (X, Y) 的联合分布函数.

分析 求二维离散型随机变量的联合分布函数的方法是:(1)过二维随机变量 (X, Y) 所有可能取值点作平行于 x 轴和 y 轴的直线,把平面分成若干个小区域. 如这个例子把平面分成九个小区域.(2)每一小区域上任意一点 (x, y),观察二维随机变量 (X, Y) 落入区域 $\{(X, Y) \mid X \leqslant x, Y \leqslant y\}$ 的点;从而求出概率 $P\{X \leqslant x, Y \leqslant y\}$,由此得二维离散型随机变量的联合分布函数.

解 $F(x, y) = P\{X \leqslant x, Y \leqslant y\} = \begin{cases} 0 & x < 1 \text{ 或 } y < 0, \\ 0.2, & 1 \leqslant x < 2, 0 \leqslant y < 3, \\ 0.5, & 1 \leqslant x < 2, y \geqslant 3, \\ 0.4, & x \geqslant 2, 0 \leqslant y < 3, \\ 1, & x \geqslant 2, y \geqslant 3. \end{cases}$

例 2 假设二维随机变量 (X, Y) 的联合密度函数为

$$f(x, y) = \begin{cases} x + y, & 0 \leqslant x \leqslant 1, 0 \leqslant y \leqslant 1, \\ 0, & \text{其他}. \end{cases}$$

试求二维随机变量 (X, Y) 的联合分布函数.

分析 求二维连续型随机变量的联合分布函数的关键是弄清区域 $D = \{(X, Y) \mid X \leqslant x, Y \leqslant y\}$ 与二维随机变量 (X, Y) 密度函数非零的区域的交集,从而可以计算概率 $P\{X \leqslant x, Y \leqslant y\}$,而点 (x, y) 的取值范围与二维随机变量 (X, Y) 密度函数的非零区域有关.

解 记 $D_1 = \{(X, Y) \mid 0 \leqslant x \leqslant 1, 0 \leqslant y \leqslant 1\}$,它是密度函数非零的区域.

当 $x < 0$ 或 $y < 0$ 时,因为 $D \bigcap D_1 = \varnothing$,所以 $F(x, y) = 0$.

当 $0 \leqslant x < 1, 0 \leqslant y < 1$ 时,因为

$$D \bigcap D_1 = \{(X, Y) \mid 0 \leqslant X < x, 0 \leqslant Y < y\},$$

所以

$$F(x, y) = P\{X \leqslant x, Y \leqslant y\} = \int_{-\infty}^{x} \mathrm{d}u \int_{-\infty}^{y} f(u, v)\mathrm{d}v = \int_{0}^{x} \mathrm{d}u \int_{0}^{y} (u + v)\mathrm{d}v = \frac{1}{2}xy(x + y).$$

当 $0 \leqslant x < 1$, $y \geqslant 1$ 时,因为

$$D \bigcap D_1 = \{(X, Y) \mid 0 \leqslant X < x, 0 \leqslant Y < 1\},$$

所以

$$F(x, y) = P\{X \leqslant x, Y \leqslant y\} = \int_{-\infty}^{x} \mathrm{d}u \int_{-\infty}^{y} f(u, v)\mathrm{d}v = \int_{0}^{x} \mathrm{d}u \int_{0}^{1} (u + v)\mathrm{d}v = \frac{1}{2}x(x + 1).$$

类似可得,当 $x \geqslant 1$, $0 \leqslant y < 1$ 时,$F(x, y) = \int_{0}^{1} \mathrm{d}u \int_{0}^{y} (u + v)\mathrm{d}v = \frac{1}{2}y(y + 1)$;

当 $x \geqslant 1$, $y \geqslant 1$ 时,$F(x, y) = \int_{0}^{1} \mathrm{d}u \int_{0}^{1} (u + v)\mathrm{d}v = 1$.

从而联合分布函数为

$$F(x,y)F(x,y) = \begin{cases} 0, & x < 0 \text{ 或 } y < 0, \\ \dfrac{1}{2}xy(x + y), & 0 \leqslant x < 1, 0 \leqslant y < 1, \\ \dfrac{1}{2}x(x + 1), & 0 \leqslant x < 1, y \geqslant 1, \\ \dfrac{1}{2}y(y + 1), & x \geqslant 1, 0 \leqslant y < 1, \\ 1, & x \geqslant 1, y \geqslant 1. \end{cases}$$

例 3 设袋中有 3 个白球,5 个红球,2 个黑球,从袋中任取 4 个球,求其中白球、红球个数的联合分布律.

解 设 X 与 Y 分别是取出的 4 个球中白球及红球个数,则

$$P\{x = i, Y = j\} = \frac{C_3^i C_5^j C_2^{4-i-j}}{C_{10}^4},$$

其中 $i = 0,1,2,3; j = 0,1,2,3,4; 2 \leqslant i + j \leqslant 4$. 由此得 (X, Y) 的联合分布律如下:

X \ Y	0	1	2	3	4
0	0	0	$\frac{10}{210}$	$\frac{20}{210}$	$\frac{5}{210}$
1	0	$\frac{15}{210}$	$\frac{60}{210}$	$\frac{30}{210}$	0

X \ Y	0	1	2	3	4
2	$\frac{3}{210}$	$\frac{30}{210}$	$\frac{30}{210}$	0	0
3	$\frac{2}{210}$	$\frac{5}{210}$	0	0	0

例 4 设随机变量 (X, Y) 的联合分布律为

X \ Y	-1	0	2
-1	$\frac{1}{8}$	$\frac{3}{16}$	$\frac{1}{16}$
2	$\frac{1}{4}$	a	$\frac{5}{16}$

求：

(1) 常数 a；

(2) 随机变量 X, Y 的边缘分布律；

(3) 在 $X=-1$ 条件下 Y 的条件分布律和在 $Y=2$ 条件下 X 的条件分布律；

(4) $X+Y$ 的分布律；

(5) X 与 Y 是否独立.

分析 这类题目的关键在于求出未知常数，常利用联合分布律的规范性来确定.

解 (1) 由联合分布律的规范性得 $\frac{1}{8}+\frac{3}{16}+\frac{1}{16}+\frac{1}{4}+a+\frac{5}{16}=1$，得 $a=\frac{1}{16}$.

(2) X, Y 的边缘分布律分别为

X	-1	2
P	$\frac{3}{8}$	$\frac{5}{8}$

Y	-1	0	2
P	$\frac{3}{8}$	$\frac{1}{4}$	$\frac{3}{8}$

(3) 在 $X=-1$ 条件下 Y 的条件分布律为

$$P\{Y=-1 \mid X=-1\} = \frac{P\{X=-1, Y=-1\}}{P\{X=-1\}} = \frac{1/8}{3/8} = \frac{1}{3},$$

$$P\{Y=0 \mid X=-1\} = \frac{P\{X=-1, Y=0\}}{P\{X=-1\}} = \frac{3/16}{3/8} = \frac{1}{2},$$

$$P\{Y = 2 \mid X = -1\} = \frac{P\{X = -1, Y = 2\}}{P\{X = -1\}} = \frac{1/16}{3/8} = \frac{1}{6}.$$

列表为

Y	-1	0	3
$P\{Y = y_i \mid X = -1\}$	$\dfrac{1}{3}$	$\dfrac{1}{2}$	$\dfrac{1}{6}$

在 $Y = 2$ 条件下 X 的条件分布律为

$$P\{X = -1 \mid Y = 2\} = \frac{P\{X = -1, Y = 2\}}{P\{Y = 2\}} = \frac{1/16}{3/8} = \frac{1}{6},$$

$$P\{X = 2 \mid Y = 2\} = \frac{P\{X = 2, Y = 2\}}{P\{Y = 2\}} = \frac{5/16}{3/8} = \frac{5}{6}.$$

列表为

X	-1	2
$P\{X = x_i \mid Y = 2\}$	$\dfrac{1}{6}$	$\dfrac{5}{6}$

（4）$X + Y$ 的所有可能取值为：$-2, -1, 1, 2, 4$，则

$$P\{X + Y = 1\} = P\{X = -1, Y = 2\} + P\{X = 2, Y = -1\} = \frac{5}{16}.$$

其余完全类似. 可得 $X + Y$ 的分布律为

$X+Y$	-2	-1	1	2	4
P	$\dfrac{1}{8}$	$\dfrac{3}{16}$	$\dfrac{5}{16}$	$\dfrac{1}{16}$	$\dfrac{5}{16}$

（5）因为 $P\{X = -1, Y = 2\} = \dfrac{1}{16} \neq P\{X = -1\}P\{Y = 2\} = \dfrac{3}{8} \times \dfrac{3}{8} = \dfrac{9}{64}$，所以 X 与 Y 不独立.

例 5　假设随机变量 X 和 Y 相互独立，都服从同一分布：

$$X \sim \begin{pmatrix} 0 & 1 & 2 \\ \dfrac{1}{2} & \dfrac{1}{4} & \dfrac{1}{2} \end{pmatrix}, \quad Y \sim \begin{pmatrix} 0 & 1 & 2 \\ \dfrac{1}{2} & \dfrac{1}{4} & \dfrac{1}{2} \end{pmatrix}.$$

求概率 $P\{X = Y\}$.

分析　两个随机变量同分布，并不意味着它们相等，只说明它们取同一值的概率相同.

解　由全概率公式及 X 和 Y 相互独立，可见

$$P\{X=Y\} = P\{X=0, Y=0\} + P\{X=1, Y=1\} + P\{X=2, Y=2\}$$
$$= P\{X=0\}P\{Y=0\} + P\{X=1\}P\{Y=1\} + P\{X=2\}P\{Y=2\}$$
$$= \left(\frac{1}{2}\right)^2 + \left(\frac{1}{4}\right)^2 + \left(\frac{1}{2}\right)^2 = \frac{9}{16}.$$

例 6 设随机变量 (X, Y) 的联合密度函数为

$$f(x,y) = \begin{cases} cx^2 y, & x^2 \leqslant y \leqslant 1, \\ 0, & \text{其他}. \end{cases}$$

(1) 试确定常数 c；(2) 求 X 和 Y 的边缘概率密度.

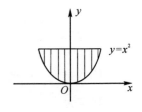

解 (1) 由 $\int_{-\infty}^{+\infty}\int_{-\infty}^{+\infty} f(x,y)\mathrm{d}x\mathrm{d}y = 1$，得

$$1 = \int_{-1}^{1}\mathrm{d}x\int_{x^2}^{1} cx^2 y\mathrm{d}y = c\int_{-1}^{1} x^2(1-x^4)\mathrm{d}x = \frac{4}{21}c,$$

所以 $c = \dfrac{21}{4}$.

(2) 当 $-1 \leqslant x \leqslant 1$ 时，$f_X(x) = \int_{x^2}^{1} \dfrac{21}{4}x^2 y\mathrm{d}y = \dfrac{21}{8}x^2(1-x^4)$，

即 $\quad f_X(x) = \begin{cases} \dfrac{21}{8}x^2(1-x^4), & -1 \leqslant x \leqslant 1, \\ 0, & \text{其他}. \end{cases}$

当 $0 \leqslant y \leqslant 1$ 时，$f_Y(y) = \int_{-\sqrt{y}}^{\sqrt{y}} \dfrac{21}{4}x^2 y\mathrm{d}x = \dfrac{7}{2}y^{\frac{5}{2}}$，

即 $\quad f_Y(y) = \begin{cases} \dfrac{7}{2}y^{\frac{5}{2}}, & 0 \leqslant y \leqslant 1, \\ 0, & \text{其他}. \end{cases}$

例 7 设二维随机变量 (X, Y) 的概率分布为

X \\ Y	0	1
0	0.4	a
1	b	0.1

若随机事件 $\{X=0\}$ 与 $\{X+Y=1\}$ 相互独立，则 $a = $ _____，$b = $ _____.

分析 利用规范性，可得 $a+b = 0.5$. 其次，利用事件的独立性又可得一个等式，由此可确定 a, b 的取值.

解 由题设，知 $a+b = 0.5$.

又事件 $\{X=0\}$ 与 $\{X+Y=1\}$ 相互独立，于是有

$$P\{X=0, X+Y=1\} = P\{X=0\}P\{X+Y=1\},$$

即 $a = (0.4 + a)(a + b)$，由此可解得 $a = 0.4$，$b = 0.1$.

例8　设二维随机变量 (X, Y) 的概率密度函数为

$$f(x, y) = \begin{cases} k\mathrm{e}^{-3x-4y}, & x > 0, y > 0, \\ 0, & \text{其他}. \end{cases}$$

求：(1) 常数 k；(2) 随机变量 X, Y 的边缘密度函数；(3) X 与 Y 是否独立；(4) $P\{0 < X \leqslant 1, 1 < Y \leqslant 2\}$.

分析　利用联合密度函数的规范性可以确定联合密度函数中未知常数；计算边缘密度函数注意两点：(1) 随机变量 X 或 Y 的边缘密度函数的非零区间，即为联合密度函数不等于零的区域中 x 或 y 的最大允许范围；(2) 计算 $f_X(x) = \displaystyle\int_{-\infty}^{+\infty} f(x, y)\mathrm{d}y$ 或 $f_Y(y) = \displaystyle\int_{-\infty}^{+\infty} f(x, y)\mathrm{d}x$ 时，当联合密度函数是分块函数时，非零部分积分的积分限可以通过作平行于 y 或 x 轴的直线与联合密度函数非零区域的交点来确定.

解　(1) 由

$$\iint\limits_{R^2} f(x, y)\mathrm{d}x\mathrm{d}y = k\int_0^{+\infty} \mathrm{e}^{-3x}\mathrm{d}x\int_0^{+\infty} \mathrm{e}^{-4y}\mathrm{d}y = k\left(-\frac{1}{3}\right)\left(-\frac{1}{4}\right) = \frac{1}{12}k = 1,$$

得 $k = 12$.

(2) X 和 Y 的边缘密度分别为

$$f_X(x) = \int_{-\infty}^{+\infty} f(x, y)\mathrm{d}y = \begin{cases} \displaystyle\int_0^{+\infty} 12\mathrm{e}^{-3x-4y}\mathrm{d}y, & x > 0 \\ 0, & \text{其他} \end{cases} = \begin{cases} 3\mathrm{e}^{-3x}, & x > 0, \\ 0, & x \leqslant 0, \end{cases}$$

$$f_Y(y) = \int_{-\infty}^{+\infty} f(x, y)\mathrm{d}x = \begin{cases} \displaystyle\int_0^{+\infty} 12\mathrm{e}^{-3x-4y}\mathrm{d}x, & y > 0 \\ 0, & y \leqslant 0 \end{cases} = \begin{cases} 4\mathrm{e}^{-4x}, & y > 0, \\ 0, & y \leqslant 0. \end{cases}$$

(3) 因为 $f(x, y) = f_X(x) \cdot f_Y(y)$，所以 X 与 Y 相互独立.

(4) $P\{0 < X \leqslant 1, 1 < Y \leqslant 2\} = \displaystyle\int_0^1 \mathrm{d}x\int_1^2 f(x, y)\mathrm{d}y = \int_0^1 \mathrm{d}x\int_1^2 12\mathrm{e}^{-3x-4y}\mathrm{d}y$

$$= (1 - \mathrm{e}^{-3})(\mathrm{e}^{-4} - \mathrm{e}^{-8}).$$

例9　设二维随机变量 (X, Y) 的概率密度为

$$f(x, y) = \begin{cases} k(1-x)y, & 0 < x < 1, 0 < y < x, \\ 0, & \text{其他}. \end{cases}$$

求：(1) 常数 k；(2) 条件密度函数 $f_{X|Y}(x \mid y)$ 和 $f_{Y|X}(y \mid x)$.

分析　求条件密度函数的关键在于正确确定边缘密度函数.

解　(1) 由

$$1 = \iint_{R^2} f(x, y)\mathrm{d}x\mathrm{d}y = k\int_0^1 \mathrm{d}x\int_0^x (1-x)y\mathrm{d}y = \frac{1}{2}k\int_0^1 (1-x)x^2\mathrm{d}x = \frac{1}{24}k,$$

得 $k = 24$.

(2) 关于 X 和 Y 的边缘密度分别为

$$f_X(x) = \int_{-\infty}^{+\infty} f(x, y)\mathrm{d}y = \begin{cases} \int_0^x 24(1-x)y\mathrm{d}y, & 0 < x < 1 \\ 0, & \text{其他} \end{cases}$$

$$= \begin{cases} 12x^2(1-x), & 0 < x < 1, \\ 0, & \text{其他}. \end{cases}$$

$$f_Y(y) = \int_{-\infty}^{+\infty} f(x, y)\mathrm{d}x = \begin{cases} \int_y^1 24(1-x)y\mathrm{d}x, & 0 < y < 1 \\ 0, & \text{其他} \end{cases}$$

$$= \begin{cases} 12y(1-y)^2, & 0 < y < 1, \\ 0, & \text{其他}. \end{cases}$$

所以,当 $0 < y < 1$ 时,$f_{X|Y}(x \mid y) = \dfrac{f(x, y)}{f_Y(y)} = \begin{cases} \dfrac{2(1-x)}{(1-y)^2}, & y < x < 1, \\ 0, & \text{其他}. \end{cases}$

当 $0 < x < 1$ 时,$f_{Y|X}(y \mid x) = \dfrac{f(x, y)}{f_X(x)} = \begin{cases} 2x^{-2}y, & 0 < y < x, \\ 0, & \text{其他}. \end{cases}$

例 10 设随机变量 (X, Y) 的联合密度函数为

$$f(x,y) = \begin{cases} \dfrac{21}{4}x^2 y, & x^2 \leqslant y \leqslant 1, \\ 0, & \text{其他}. \end{cases}$$

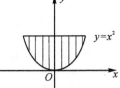

(1) 求条件概率密度 $f_{X|Y}(x \mid y)$,并写出当 $Y = 1/2$ 时 X 的条件概率密度;

(2) 求条件概率密度 $f_{Y|X}(y \mid x)$,并分别写出当 $X = 1/3$,$X = 1/2$ 时 Y 的条件概率密度;

(3) 求条件概率 $P\left\{ Y \geqslant \dfrac{1}{4} \middle| X = \dfrac{1}{2} \right\}$,$P\left\{ Y \geqslant \dfrac{3}{4} \middle| X = \dfrac{1}{2} \right\}$.

解 由例 6 知,X 和 Y 的边缘密度分别为

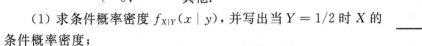

$$f_X(x) = \begin{cases} \dfrac{21}{8}x^2(1-x^4), & -1 \leqslant x \leqslant 1, \\ 0, & \text{其他}, \end{cases} \qquad f_Y(y) = \begin{cases} \dfrac{7}{2}y^{\frac{5}{2}}, & 0 \leqslant y \leqslant 1, \\ 0, & \text{其他}. \end{cases}$$

(1) 当 $0 < y \leqslant 1$ 时,

$$f_{X|Y}(x \mid y) = \frac{f(x, y)}{f_Y(y)} = \begin{cases} \dfrac{(21/4)\,x^2\,y}{(7/2)\,y^{5/2}} = \dfrac{3}{2}x^2y^{-3/2}, & -\sqrt{y} < x < \sqrt{y}, \\ 0, & x \text{ 取其他值}. \end{cases}$$

当 $Y = \dfrac{1}{2}$ 时，X 的条件概率密度为

$$f_{X|Y}(x \mid 1/2) = \begin{cases} 3\sqrt{2}\,x^2, & -\dfrac{\sqrt{2}}{2} < x < \dfrac{\sqrt{2}}{2}, \\ 0, & \text{其他}. \end{cases}$$

(2) 当 $-1 < x < 1$ 时，

$$f_{Y|X}(y \mid x) = \frac{f(x, y)}{f_X(x)} = \begin{cases} \dfrac{(21/4)\,x^2\,y}{(21/8)\,x^2(1-x^4)} = \dfrac{2y}{1-x^4}, & x^2 < y < 1, \\ 0, & y \text{ 取其他值}. \end{cases}$$

当 $X = 1/3$ 时，Y 的条件概率密度为

$$f_{Y|X}(y \mid 1/3) = \begin{cases} \dfrac{81}{40}y, & \dfrac{1}{9} < y < 1, \\ 0, & \text{其他}. \end{cases}$$

当 $X = 1/2$ 时，Y 的条件概率密度为

$$f_{Y|X}(y \mid 1/2) = \begin{cases} \dfrac{32}{15}y, & \dfrac{1}{4} < y < 1, \\ 0, & \text{其他}. \end{cases}$$

(3) $P\{Y \geqslant \dfrac{1}{4} \mid X = \dfrac{1}{2}\} = \displaystyle\int_{\frac{1}{4}}^{1} f_{Y|X}(y \mid 1/2)\mathrm{d}y = \int_{\frac{1}{4}}^{1} \dfrac{32}{15}y\mathrm{d}y = 1$;

$P\{Y \geqslant \dfrac{3}{4} \mid X = \dfrac{1}{2}\} = \displaystyle\int_{\frac{3}{4}}^{1} f_{Y|X}(y \mid 1/2)\mathrm{d}y = \int_{\frac{3}{4}}^{1} \dfrac{32}{15}y\mathrm{d}y = \dfrac{7}{15}$.

例 11　设 X 和 Y 是相互独立的随机变量，其概率密度分别为

$$f_X(x) = \begin{cases} \lambda\mathrm{e}^{-\lambda x}, & x > 0, \\ 0, & x \leqslant 0, \end{cases} \qquad f_Y(y) = \begin{cases} \mu\mathrm{e}^{-\mu y}, & y > 0, \\ 0, & y \leqslant 0, \end{cases}$$

其中 $\lambda > 0, \mu > 0$ 是常数，引入随机变量

$$Z = \begin{cases} 1, & \text{当 } X \leqslant Y, \\ 0, & \text{当 } X > Y. \end{cases}$$

(1) 求条件概率密度 $f_{X|Y}(x \mid y)$；(2) 求 Z 的分布律和分布函数.

解　由于 X 和 Y 相互独立，(X, Y) 的联合概率密度为

$$f(x, y) = f_X(x) \cdot f_Y(y) = \begin{cases} \lambda\mu\mathrm{e}^{-\lambda x - \mu y}, & x > 0, y > 0, \\ 0, & \text{其他}. \end{cases}$$

(1) 当 $y > 0$ 时，$f_{X|Y}(x \mid y) = f_X(x) = \begin{cases} \lambda\mathrm{e}^{-\lambda x}, & x > 0, \\ 0, & x \leqslant 0. \end{cases}$

(2) $P\{X \leqslant Y\} = \iint\limits_{x \leqslant y} f(x,y)\mathrm{d}x\mathrm{d}y = \int_0^{+\infty}\mathrm{d}x\int_x^{+\infty}\lambda\mu\,\mathrm{e}^{-\lambda x-\mu y}\mathrm{d}y$

$\qquad\qquad\quad = \int_0^{+\infty}\left[-\lambda\,\mathrm{e}^{-\lambda x-\mu y}\right]\big|_{y=x}^{y=+\infty}\mathrm{d}x = \int_0^{+\infty}\lambda\,\mathrm{e}^{-(\lambda+\mu)x}\mathrm{d}x = \dfrac{\lambda}{\lambda+\mu}.$

从而 $P\{X < Y\} = 1 - P\{X \leqslant Y\} = \dfrac{\mu}{\lambda+\mu}$.

故 Z 的分布律为

Z	1	0
p_k	$\dfrac{\lambda}{\lambda+\mu}$	$\dfrac{\mu}{\lambda+\mu}$

Z 的分布函数为

$$f_Z(z) = \begin{cases} 0, & z > 0, \\ \dfrac{\mu}{\lambda+\mu}, & 0 \leqslant z \leqslant 1, \\ 1, & z > 1. \end{cases}$$

例 12 假设随机变量 X 和 Y 相互独立,服从参数分别为 λ_1 和 λ_2 的指数分布,试求随机变量 $Z = X + Y$ 的概率密度 $f(z)$.

解 当 $z \leqslant 0$ 时显然 $f(z) = 0$. 以下假设 $z > 0$.

(1) 设 $\lambda_1 = \lambda_2 = \lambda$.

因为随机变量 X,Y 相互独立,由卷积公式,得

$$f_Z(z) = \int_{-\infty}^{+\infty} f_X(x)f_Y(z-x)\mathrm{d}x.$$

$f_X(x)$ 与 $f_Y(z-x)$ 的非零区域分别为 $x > 0, x < z$.

当 $z \leqslant 0$ 时,$f_Z(z) = 0$;

当 $z > 0$ 时,$f_Z(z) = \lambda^2\displaystyle\int_0^z \mathrm{e}^{-\lambda x-\lambda(z-x)}\mathrm{d}x = \lambda^2 z\,\mathrm{e}^{-\lambda z}$.

(2) 设 $\lambda_1 \neq \lambda_2$. 由卷积公式,有

$$f(z) = \lambda_1\lambda_2\int_0^z \mathrm{e}^{-\lambda_1 x-\lambda_2(z-x)}\mathrm{d}x = \frac{\lambda_1\lambda_2}{\lambda_1-\lambda_2}(\mathrm{e}^{\lambda_2 z}-\mathrm{e}^{-\lambda_1 z}).$$

可以看出,Z 不再服从指数分布.

例 13 设二维随机变量 (X,Y) 的概率密度为

$$f(x,y) = \begin{cases} \dfrac{1}{2}(x+y)\mathrm{e}^{-(x+y)}, & x > 0,\ y > 0, \\ 0, & \text{其他}. \end{cases}$$

(1) 问 X 和 Y 是否相互独立?

（2）求 $Z=X+Y$ 的概率密度.

解　（1）边缘密度

$$f_X(x) = \int_{-\infty}^{+\infty} f(x,y)\mathrm{d}y = \int_0^{+\infty} \frac{1}{2}(x+y)\mathrm{e}^{-(x+y)}\mathrm{d}y$$

$$= \frac{1}{2}\mathrm{e}^{-x}\int_0^{+\infty}(x+y)\mathrm{e}^{-y}\mathrm{d}y = \frac{x+1}{2}\mathrm{e}^{-x}(x>0).$$

故 X 的概率密度为　$f_X(x) = \begin{cases} \dfrac{x+1}{2}\mathrm{e}^{-x}, & x>0, \\[2mm] 0, & x \leqslant 0. \end{cases}$

同理，Y 的概率密度为 $f_Y(y) = \begin{cases} \dfrac{y+1}{2}\mathrm{e}^{-y}, & y>0, \\[2mm] 0, & y \leqslant 0. \end{cases}$

显然 $f_X(x)f_Y(y) \neq f(x,y)$，所以 X 和 Y 不相互独立.

（2）$Z=X+Y$ 的概率密度为

$$f_Z(z) = \int_{-\infty}^{+\infty} f(z-y,y)\mathrm{d}y.$$

仅当 $\begin{cases} z-y>0 \\ y>0 \end{cases}$，即 $\begin{cases} y<z \\ y>0 \end{cases}$ 时，上述积分的被积函数才不等

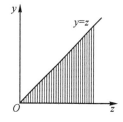

于 0，因此当 $z>0$ 时，

$$f_Z(z) = \int_0^z f_X(z-y)f_Y(y)\mathrm{d}y = \int_0^z \frac{1}{2}(z-y+y)\mathrm{e}^{-(z-y+y)}\mathrm{d}y = \frac{1}{2}\int_0^z z\mathrm{e}^{-z}\mathrm{d}y = \frac{1}{2}z^2\mathrm{e}^{-z}.$$

即有　$f_Z(z) = \begin{cases} \dfrac{1}{2}z^2\mathrm{e}^{-z}, & z>0, \\[2mm] 0, & z \leqslant 0. \end{cases}$

例 14　设二维随机变量 (X,Y) 的概率密度为

$$f(x,y) = \begin{cases} 2-x-y, & 0<x<1,\, 0<y<1, \\ 0, & \text{其他}. \end{cases}$$

（1）求 $P\{X>2Y\}$；

（2）求 $Z=X+Y$ 的概率密度 $f_Z(z)$.

解　（1）$P\{X>2Y\} = \iint\limits_{x>2y} f(x,y)\mathrm{d}x\mathrm{d}y = \int_0^{\frac{1}{2}} \mathrm{d}y \int_{2y}^1 (2-x-y)\mathrm{d}x$

$$= \int_0^{\frac{1}{2}} \left(\frac{3}{2}-5y+4y^2\right)\mathrm{d}y = \frac{7}{24}.$$

（2）方法一：先求 Z 的分布函数：

$$F_Z(z) = P\{X+Y \leqslant Z\} = \iint\limits_{x+y \leqslant z} f(x,y)\mathrm{d}x\mathrm{d}y.$$

当 $z < 0$ 时，$F_Z(z) = 0$;

当 $0 \leqslant z < 1$ 时，$F_Z(z) = \iint\limits_{D_1} f(x,y)\mathrm{d}x\mathrm{d}y = \int_0^z \mathrm{d}y \int_0^{z-y}(2-x-y)\mathrm{d}x = z^2 - \dfrac{1}{3}z^3$;

当 $1 \leqslant z < 2$ 时，$F_Z(z) = 1 - \iint\limits_{D_2} f(x,y)\mathrm{d}x\mathrm{d}y = 1 - \int_{z-1}^1 \mathrm{d}y \int_{z-y}^1 (2-x-y)\mathrm{d}x$

$$= 1 - \frac{1}{3}(2-z)^3;$$

当 $z \geqslant 2$ 时，$F_Z(z) = 1$.

故 $Z = X + Y$ 的概率密度

$$f_Z(z) = F'_Z(z) = \begin{cases} 2z - z^2, & 0 < z < 1, \\ (2-z)^2, & 1 \leqslant z < 2, \\ 0, & \text{其他}. \end{cases}$$

方法二：$f_Z(z) = \displaystyle\int_{-\infty}^{+\infty} f(x, z-x)\mathrm{d}x$.

$$f(x, z-x) = \begin{cases} 2-x-(z-x), & 0 < x < 1, 0 < z-x < 1, \\ 0, & \text{其他}, \end{cases}$$

$$= \begin{cases} 2-z, & 0 < x < 1, x < z < 1+x, \\ 0, & \text{其他}. \end{cases}$$

当 $z \leqslant 0$ 或 $z \geqslant 2$ 时，$f_Z(z) = 0$;

当 $0 < z < 1$ 时，$f_Z(z) = \displaystyle\int_0^z (2-z)\mathrm{d}x = z(2-z)$;

当 $1 \leqslant z < 2$ 时，$f_Z(z) = \displaystyle\int_{z-1}^1 (2-z)\mathrm{d}x = (2-z)^2$.

故 $Z = X + Y$ 的概率密度

$$f_Z(z) = \begin{cases} 2z - z^2, & 0 < z < 1, \\ (2-z)^2, & 1 \leqslant z < 2, \\ 0, & \text{其他}. \end{cases}$$

例 15　设随机变量 X, Y 相互独立，且密度函数分别为 $f(x) = \begin{cases} \mathrm{e}^{-x}, & x > 0, \\ 0, & x \leqslant 0, \end{cases}$

$f(y) = \begin{cases} 2y, & 0 < y < 1, \\ 0, & \text{其他}, \end{cases}$ 且 $Z = X + Y$，求 Z 的密度函数.

解法一　分布函数法.

由 X, Y 的分布及独立性知，(X, Y) 的联合密度函数为

$$f(x, y) = f_X(x) f_Y(y) = \begin{cases} 2y\mathrm{e}^{-x}, & x > 0, 0 < y < 1, \\ 0, & \text{其他}. \end{cases}$$

而随机变量 Z 的分布函数为

$$F_Z(z) = P\{Z \leqslant z\} = P\{X + Y \leqslant z\}.$$

当 $z \leqslant 0$ 时, $F_Z(z) = 0$;

当 $0 < z \leqslant 1$ 时, $F_Z(z) = \int_0^z \mathrm{d}y \int_0^{z-y} 2y\mathrm{e}^{-x}\mathrm{d}x$

$$= \int_0^z 2y(1 - \mathrm{e}^{y-z})\mathrm{d}y = z^2 - 2\mathrm{e}^{-z}\big[(z-1)\mathrm{e}^z + 1\big]$$

$$= z^2 - 2z + 2 - 2\mathrm{e}^{-z};$$

当 $z > 1$ 时, $F_Z(z) = \int_0^1 \mathrm{d}y \int_0^{z-y} 2y\mathrm{e}^{-x}\mathrm{d}x = \int_0^1 2y(1 - \mathrm{e}^{y-z})\mathrm{d}y = 1 - 2\mathrm{e}^{-z}.$

所以 Z 的密度函数为 $\quad f_Z(z) = F'_Z(z) = \begin{cases} 0, & z \leqslant 0, \\ 2\mathrm{e}^{-z} + 2z - 2, & 0 < z \leqslant 1, \\ 2\mathrm{e}^{-z}, & z > 1. \end{cases}$

解法二　利用卷积公式.

$$f_Z(z) = \int_{-\infty}^{+\infty} f_X(x)f_Y(z-x)\mathrm{d}x, \quad x > 0, 0 < z - x < 1, z - 1 < x < z.$$

当 $z \leqslant 0$ 时, $f_Z(z) = 0$;

当 $0 < z \leqslant 1$ 时, $f_Z(z) = \int_0^z \mathrm{e}^{-x} \cdot 2(z-x)\mathrm{d}x = 2z(1 - \mathrm{e}^{-z}) - 2\int_0^z x\mathrm{e}^{-x}\mathrm{d}x$

$$= 2z - 2 + 2\mathrm{e}^{-z};$$

当 $z > 1$ 时, $f_Z(z) = \int_{z-1}^z \mathrm{e}^{-x} \cdot 2(z-x)\mathrm{d}x = 2z(\mathrm{e}^{-z+1} - \mathrm{e}^{-z}) - 2\int_{z-1}^z x\mathrm{e}^{-x}\mathrm{d}x = 2\mathrm{e}^{-z}.$

所以 $\quad f_Z(z) = \begin{cases} 0, & z \leqslant 0, \\ 2\mathrm{e}^{-z} + 2z - 2, & 0 < z \leqslant 1, \\ 2\mathrm{e}^{-z}, & z > 1. \end{cases}$

例 16　设随机变量 (X, Y) 的概率密度函数为

$$f(x, y) = \begin{cases} A \cdot \mathrm{e}^{-(x+y)}, & x > 0, \ y > 0, \\ 0, & \text{其他}. \end{cases}$$

求:(1)常数 A;

(2) $Z = \min(X, Y)$ 的概率密度函数;

(3) (X, Y) 落在以 x 轴, y 轴及直线 $2x + y = 2$ 所围成三角形区域 D 内的概率.

解　(1) $\int_{-\infty}^{+\infty} \int_{-\infty}^{+\infty} f(x, y)\mathrm{d}x\mathrm{d}y = A\int_0^{+\infty} \mathrm{e}^{-x}\mathrm{d}x \cdot \int_0^{+\infty} \mathrm{e}^{-y}\mathrm{d}y = A = 1.$

(2) $f_X(x) = \begin{cases} \iint_0^{+\infty} \mathrm{e}^{-(x+y)}\mathrm{d}y, & x > 0 \\ 0, & x \leqslant 0 \end{cases} = \begin{cases} \mathrm{e}^{-x}, & x > 0 \\ 0, & x \leqslant 0, \end{cases} \quad F_X(x) = \begin{cases} 1 - \mathrm{e}^{-x}, & x > 0 \\ 0, & x \leqslant 0. \end{cases}$

$$f_Y(y) = \begin{cases} \int_0^{+\infty} \mathrm{e}^{-(x+y)}\,\mathrm{d}x, & y > 0 \\ 0, & y \leqslant 0 \end{cases} = \begin{cases} \mathrm{e}^{-y}, & y > 0, \\ 0, & y \leqslant 0, \end{cases} \quad F_Y(y) = \begin{cases} 1 - \mathrm{e}^{-y}, & y > 0, \\ 0, & y \leqslant 0. \end{cases}$$

$f(x,y) = f_X(x) \cdot f_Y(y)$，所以 X, Y 相互独立.

当 $z > 0$ 时，
$$\begin{aligned} F_Z(z) &= P\{Z \leqslant z\} = P(\min\{X,Y\} \leqslant z) = 1 - P\{\min(X,Y) > z\} \\ &= 1 - P\{X > z, Y > z\} = 1 - P\{X > z\} \cdot P\{Y > z\} \\ &= 1 - [1 - P\{X \leqslant z\}] \cdot [1 - P\{Y \leqslant z\}] \\ &= 1 - [1 - F_X(z)] \cdot [1 - F_Y(z)] = 1 - \mathrm{e}^{-2z}; \end{aligned}$$

当 $z \leqslant 0$ 时，$F_Z(z) = 0$.

所以 $Z = \min(X,Y)$ 的概率密度函数为

$$f_Z(x) = F'_Z(z) = \begin{cases} 2\mathrm{e}^{-2z}, & z > 0, \\ 0, & z \leqslant 0. \end{cases}$$

(3) $$p = \iint\limits_D f(x,y)\,\mathrm{d}x\mathrm{d}y = \int_0^1 \mathrm{e}^{-x}\,\mathrm{d}x \cdot \int_0^{2-2x} \mathrm{e}^{-y}\,\mathrm{d}y$$
$$= \int_0^1 (\mathrm{e}^{-x} - \mathrm{e}^{x-2})\,\mathrm{d}x = 1 - 2\mathrm{e}^{-1} + \mathrm{e}^{-2}.$$

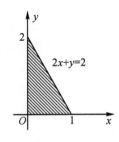

例 17 设随机变量 X 和 Y 独立，X 的概率分布和 Y 的概率密度相应为：

$$X \sim \begin{pmatrix} 0 & 1 \\ \dfrac{1}{2} & \dfrac{1}{2} \end{pmatrix}, \quad f_Y(y) = \begin{cases} 1, & 0 \leqslant y \leqslant 1, \\ 0, & \text{其他.} \end{cases}$$

求随机变量 $Z = X + Y$ 的概率分布.

解法一 先求 Z 的分布函数 $F_Z(z) = P\{X + Y \leqslant z\}$.

当 $z < 0$ 时，$F(z) = 0$；当 $z \geqslant 2$ 时，$F(z) = 1$；

当 $0 \leqslant z < 2$ 时，由全概率公式，得

$$\begin{aligned} F_Z(z) &= P\{X + Y \leqslant z\} \\ &= P\{X + Y \leqslant z \mid X = 0\} \cdot P\{X = 0\} + P\{X + Y \leqslant z \mid X = 1\} \cdot P\{X = 1\} \\ &= \frac{1}{2}[P\{Y \leqslant z\} + P\{Y \leqslant z - 1\}] = \frac{1}{2}[F_Y(z) + F_Y(z-1)]. \end{aligned}$$

所以 Z 的密度函数为

$$f_Z(z) = F'_Z(z) = \frac{1}{2}[f_Y(z) + f_Y(z-1)] = \begin{cases} \dfrac{1}{2}, & 0 \leqslant z < 2, \\ 0, & \text{其他.} \end{cases}$$

即 Z 服从区间 $[0, 2]$ 上的均匀分布.

解法二 当 $z < 0$ 时，$F(z) = 0$；当 $z \geqslant 2$ 时，$F(z) = 1$；

当 $0 \leqslant z < 1$ 时，

$$F_Z(z) = P\{X+Y \leqslant z\} = P\{X+Y \leqslant z, X=0\} + P\{X+Y \leqslant z, X=1\}$$
$$= P\{Y \leqslant z, X=0\} + P\{Y \leqslant z-1, X=1\}$$
$$= P\{Y \leqslant z\} \cdot P\{X=0\} + P\{Y \leqslant z-1\} \cdot P\{X=1\}$$
$$= P\{Y \leqslant z\} \cdot P\{X=0\} = \frac{1}{2}z;$$

当 $1 \leqslant z < 2$ 时，
$$F_Z(z) = P\{X+Y \leqslant z\} = P\{X+Y \leqslant z, X=0\} + P\{X+Y \leqslant z, X=1\}$$
$$= P\{Y \leqslant z, X=0\} + P\{Y \leqslant z-1, X=1\}$$
$$= P\{Y \leqslant z\} \cdot P\{X=0\} + P\{Y \leqslant z-1\} \cdot P\{X=1\}$$
$$= \frac{1}{2}[P\{Y \leqslant z\} + P\{Y \leqslant z-1\}] = \frac{1}{2}[1+z-1] = \frac{1}{2}z.$$

综上　$F_Z(z) = \begin{cases} 0, & z < 0, \\ \dfrac{1}{2}z, & 0 \leqslant z < 2, \\ 1, & z \geqslant 2. \end{cases}$

所以 Z 的概率密度为　$f_Z(z) = \begin{cases} \dfrac{1}{2}, & 0 \leqslant z < 2, \\ 0, & \text{其他.} \end{cases}$

例 18　设两个独立随机变量 X 及 Y 之和 $X+Y$ 与 X 和 Y 服从同一名称概率分布，则 X 和 Y 都服从（　　）.

（A）均匀分布　　　　　　　　（B）二项分布
（C）指数分布　　　　　　　　（D）泊松分布

解　应选（D）.在所列的 4 个分布中，只有相互独立的服从泊松分布的两个随机变量之和仍然服从泊松分布.

事实上，设随机变量 X 和 Y 相互独立都服从泊松分布，参数相应为 λ_1 和 λ_2，则对于任意自然数 $n=0,1,2,\cdots$，有

$$P\{X+Y=n\} = \sum_{i+j=n} P\{X=i, Y=j\} = \sum_{i+j=n} P\{X=i\} \cdot P\{Y=j\}$$
$$= \sum_{i=0}^{n} \frac{\lambda_1^i}{i!} e^{-\lambda_1} \cdot \frac{\lambda_2^{n-i}}{(n-i)!} e^{-\lambda_2} = e^{-(\lambda_1+\lambda_2)} \sum_{i=0}^{n} \frac{\lambda_1^i}{i!} \cdot \frac{\lambda_2^{k-i}}{(n-i)!}$$
$$= e^{-(\lambda_1+\lambda_2)} \sum_{i=0}^{n} \frac{C_k^i}{n!} \lambda_1^i \cdot \lambda_2^{k-i} = \frac{(\lambda_1+\lambda_2)^n}{n!} e^{-(\lambda_1+\lambda_2)},$$

即证得 $Z=X+Y \sim P(\lambda_1+\lambda_2)$.于是，（D）是正确选项.

注　该题用排除法运算量比较大.事实上，其余三个选项都不符合题目的要求.可以证明：对于均匀分布，$X+Y$ 服从辛普森（Simpson）分布；对于指数分布，$X+Y$ 不服从指

数分布;对于二项分布,只有当 X 和 Y 分别服从参数为 (m,p) 和 (n,p) 的二项分布时, $X+Y$ 才服从参数为 $(m+n,p)$ 的二项分布.

(1) 证明两个均匀分布随机变量之和不服从均匀分布.

假设随机变量 X 和 Y 相互独立且都在区间 $[0,1]$ 上服从均匀分布,以 $f(u)$ 表示随机变量 $U=X+Y$ 的概率密度,以 $f_1(x)$ 和 $f_2(y)$ 分别表示 X 和 Y 的概率密度.

当 $u<0$ 和 $u>2$ 时显然 $f(u)=0$.

设 $0 \leqslant u<1$,由卷积公式,有

$$f(u)=\int_{-\infty}^{+\infty} f_1(x)f_2(u-x)\mathrm{d}x.$$

由于 $0 \leqslant x \leqslant 1$, $0 \leqslant u-x \leqslant 1$,可见 $0 \leqslant x \leqslant u$,因此

$$f(u)=\int_{-\infty}^{+\infty} f_1(x)f_2(u-x)\mathrm{d}x=\int_0^u 1\mathrm{d}x=u.$$

设 $1 \leqslant u \leqslant 2$,由于 $0 \leqslant x \leqslant 1$, $0 \leqslant u-x \leqslant 1$,可见 $u-1 \leqslant x \leqslant 1$,因此

$$f(u)=\int_{-\infty}^{+\infty} f_1(x)f_2(u-x)\mathrm{d}x=\int_{u-1}^1 1\mathrm{d}x=2-u.$$

于是,$U=X+Y$ 的概率密度为

$$f(u)=\begin{cases} u, & 0 \leqslant u<1, \\ 2-u, & 1 \leqslant u \leqslant 2, \\ 0, & \text{其他}. \end{cases}$$

显然 $U=X+Y$ 的分布不是均匀分布.这时称 U 在区间 $[0,2]$ 上服从辛普森分布.

(2) 可以证明两个指数分布随机变量之和不服从指数分布,如例 12 所示.

§3.3 练习题

1. 设随机变量 X,Y 相互独立,且均服从 $[1,3]$ 区间上的均匀分布,令 $A=\{X \leqslant a\}$,$B=\{Y>a\}$,已知 $P\{A \bigcup B\}=\dfrac{7}{9}$,则常数 $a=$_____.

2. 设随机变量 X,Y 独立同分布,且 X 服从二点分布 $B(1,0.5)$,则随机变量 $Z=\max(X,Y)$ 的分布律为_____.

3. 设 X,Y 为随机变量,且 $P\{X \geqslant 0,Y \geqslant 0\}=\dfrac{3}{7}$,$P\{X \geqslant 0\}=P\{Y \geqslant 0\}=\dfrac{4}{7}$,则 $P\{\max\{X,Y\} \geqslant 0\}=$_____.

4. 假设随机变量 (X,Y) 的联合分布律为

X＼Y	0	1	2
−1	$\dfrac{1}{15}$	q	0.2
1	p	0.2	0.3

则 p，q 应满足_____;若随机变量 X，Y 相互独立,则 $p=$_____，$q=$_____.

5. 假设盒子中装有 3 只黑球,2 只红球,2 只白球,从盒子中任取 4 只球,求黑球数 X 和红球数 Y 的联合分布律和边缘分布律.

6. 掷一颗均匀骰子两次,设随机变量 X 表示第一次出现的点数,随机变量 Y 表示两次出现点数的最大值,求二维离散型随机变量 (X,Y) 的联合分布律和边缘分布律.

7. 假设随机变量 X 服从参数为 $\lambda=1$ 的指数分布,令

$$Y_i=\begin{cases}0, & X\leqslant i,\\ 1, & X>i,\end{cases}\quad i=1,2.$$

求 (Y_1,Y_2) 的联合分布律.

8. 设随机变量 (X,Y) 的联合分布律为

X＼Y	1	2	3
1	k	$2k$	$3k$
2	$2k$	$4k$	$6k$
3	$3k$	$6k$	$9k$

求:(1) 常数 k;(2) $P\{1\leqslant X\leqslant 2,Y\geqslant 2\}$;(3) $P\{X\geqslant 2\}$;(4) $P\{Y<2\}$;(5) 在 $X=1$ 条件下 Y 的条件分布律和在 $Y=2$ 条件下 X 的条件分布律;(6) 随机变量 X，Y 是否相互独立.

9. 若随机变量 X 与 Y 相互独立,且随机变量 X，Y 的分布律分别为

X	−3	−2	−1
P	0.25	0.25	0.5

Y	1	2	3
P	0.4	0.2	0.4

求:(1) (X,Y) 的联合分布律;(2) $2X+Y$ 的分布律.

10. 假设随机变量 (U,V) 的概率密度在以 $(-2,0),(2,0),(0,1),(0,-1)$ 为顶点的四边形上为常数,而在此四边形之外为 0.考虑随机变量 X 和 Y:

$$X=\begin{cases}-1, & \text{若 } U\leqslant -1,\\ 1, & \text{若 } U>-1,\end{cases}\quad Y=\begin{cases}-1, & \text{若 } V\leqslant 1/2,\\ 1, & \text{若 } V>1/2.\end{cases}$$

(1) 试求 X 和 Y 的联合概率分布;(2) 试求 X 和 Y 的联合分布函数.

11. 设二维随机变量 (X, Y) 的概率密度为

$$f(x, y) = \begin{cases} 2e^{-2x-y}, & x > 0,\ y > 0, \\ 0, & \text{其他.} \end{cases}$$

求:(1) X 和 Y 的联合分布函数;(2) 概率 $P\{X > 1, Y > 1\}$.

12. 设二维随机变量 (X, Y) 的概率密度为

$$f(x, y) = \begin{cases} xe^{-x(1+y)}, & x > 0,\ y > 0, \\ 0, & \text{其他.} \end{cases}$$

求 X 和 Y 的边缘密度函数.

13. 设随机变量 X 和 Y 的联合概率分布,是在直线 $y = x$ 和曲线 $y = x^2$ 所围封闭区域上的均匀分布.试求:(1) 概率 $P\{X \leqslant 0.5, Y \leqslant 0.6\}$;(2) X 和 Y 的边缘密度函数.

14. 向矩形 $G = \{(x, y) \mid 0 \leqslant x \leqslant 3 \leqslant, 0 \leqslant y \leqslant 1\}$ 上均匀地掷一随机点 (X, Y),求点 (X, Y) 落到圆 $x^2 + y^2 \leqslant 4$ 上的概率.

15. 向区域 $G = \{(x, y) \mid |x| + |y| \leqslant 2\}$ 上均匀地掷一随机点 (X, Y),求 (X, Y) 的联合密度函数和边缘密度函数.

16. 设 G 是曲线 $y = x^2$ 和直线 $y = 4$ 所围成的封闭区域,而随机向量 (X, Y) 在区域 G 上均匀分布,求 X 和 Y 的边缘密度函数.

17. 设二维随机变量 (X, Y) 的概率密度为

$$f(x, y) = \begin{cases} \dfrac{6}{7}\left(x^2 + \dfrac{xy}{2}\right), & 0 < x < 1,\ 0 < y < 2, \\ 0, & \text{其他.} \end{cases}$$

求:(1) 求 X 的边缘密度函数;(2) $P\{X > Y\}$;(3) 条件概率 $P\{Y > 1 \mid X < 0.5\}$.

18. 设二维随机变量的概率分布为

X \ Y	0	1
0	0.4	a
1	b	0.1

若随机事件 $\{X = 0\}$ 与 $\{X + Y = 1\}$ 相互独立,则下列选项正确的是（　　）.

(A) $a = 0.2, b = 0.3$ (B) $a = 0.1, b = 0.4$

(C) $a = 0.3, b = 0.2$ (D) $a = 0.4, b = 0.1$

19. 假设一微波线路有两个中间站,它们无故障的时间 X 和 Y 是随机变量,其联合分布函数为

$$f(x, y) = \begin{cases} 1 - e^{-0.01x} - e^{-0.01y} - e^{-0.01(x+y)}, & x \geqslant 0, y \geqslant 0, \\ 0, & \text{其他}. \end{cases}$$

（1）求两个中间站连续 100 h 无故障的概率 α；

（2）证明 X 和 Y 相互独立.

20. 设随机变量 (X, Y) 服从区域 $D = \{(x, y) \mid x^2 + y^2 \leqslant 1\}$ 上均匀分布,问 X 和 Y 是否独立？

21. 设随机变量 (X, Y) 的联合密度函数为

$$f(x, y) = \begin{cases} 8xy, & 0 < y < x < 1, \\ 0, & \text{其他}. \end{cases}$$

问 X 和 Y 是否独立？

22. 设随机变量 (X, Y) 的联合密度函数为

$$f(x, y) = \begin{cases} cx^2 y, & x^2 \leqslant y \leqslant 1, \\ 0, & \text{其他}. \end{cases}$$

（1）试确定常数 c；（2）问 X 和 Y 是否独立？

23. 设 X 服从参数为 $\lambda = 2$ 的指数分布,$Y \sim U(0, 2)$,且 X 与 Y 相互独立.
（1）写出 (X, Y) 的联合密度函数 $f(x, y)$；（2）求 $P\{X + Y \leqslant 3\}$.

24. 设二维随机变量 (X, Y) 的联合概率密度为

$$f(x, y) = \begin{cases} \dfrac{1 + xy}{4}, & |x| < 1, |y| < 1, \\ 0, & \text{其他}. \end{cases}$$

证明：X 与 Y 不独立,但 X^2 与 Y^2 独立.

25. 设二维随机变量 (X, Y) 的概率密度为

$$f(x, y) = \begin{cases} C\sin(x + y), & 0 \leqslant x \leqslant \dfrac{\pi}{2}, 0 \leqslant y \leqslant \dfrac{\pi}{2}, \\ 0, & \text{其他}. \end{cases}$$

（1）求未知常数 C 及 X 概率密度 $f_X(x)$；

（2）求 Y 关于 $X = x$ 的条件密度 $f_{Y|X}(y \mid x)$.

26. 设二维随机变量 (X, Y) 的概率密度为

$$f(x, y) = \begin{cases} 1, & |y| < x, 0 < x < 1, \\ 0, & \text{其他}. \end{cases}$$

求条件密度函数 $f_{X|Y}(x \mid y)$ 和 $f_{Y|X}(y \mid x)$.

27. 设二维随机变量 (X, Y) 的概率密度为

$$f(x, y) = Ae^{-2x^2 + 2xy - y^2} \quad (-\infty < x < +\infty, -\infty < y < +\infty).$$

求常数 A 及条件概率密度 $f_{Y|X}(y \mid x)$.

28. 设二维随机变量 (X, Y) 在以点 $(0,1),(1,0),(1,1)$ 为顶点的三角形区域上服从均匀分布. 试求随机变量 $Z = X + Y$ 的概率密度 $f(z)$.

29. 设随机变量 (X, Y) 的联合密度函数为

$$f(x, y) = \begin{cases} x + y, & 0 \leqslant x \leqslant 1, 0 \leqslant y \leqslant 1, \\ 0, & \text{其他}. \end{cases}$$

求 $Z = X + Y$ 的密度函数.

30. 设二维随机变量 (X, Y) 的概率密度为

$$f(x, y) = \begin{cases} 2\mathrm{e}^{-(x+2y)}, & x > 0, y > 0, \\ 0, & \text{其他}. \end{cases}$$

求随机变量 $Z = X + 2Y$ 的概率密度.

31. 设二维随机变量 (X, Y) 的概率密度为

$$f(x, y) = \begin{cases} \lambda^2 \mathrm{e}^{-\lambda x}, & 0 < y < x, \\ 0, & \text{其他}. \end{cases}$$

求随机变量 $Z = X + Y$ 的概率密度.

32. 设随机变量 X 和 Y 独立, 服从相同的柯西分布, 其密度函数为

$$p(x) = \frac{1}{\pi(1 + x^2)}.$$

证明: $Z = \frac{1}{2}(X + Y)$ 也服从同一分布.

第四章　随机变量的数字特征

§4.1　内容提要

一、数学期望

1. 数学期望的概念

数学期望是刻画随机变量取值集中位置或平均水平的最基本的数字特征.

2. 数学期望的计算公式

设离散型随机变量的分布列为 $P\{X=x_i\}=p_i(i=1,2,3,\cdots)$，数学期望的计算公式（定义）是

$$EX = \sum_i x_i p_i \text{（要求右端级数绝对收敛）.}$$

设连续型随机变量给出了分布密度 $p(x)$ 之后，数学期望的计算公式（定义）是

$$EX = \int_{-\infty}^{+\infty} xp(x)\mathrm{d}x \text{（要求右端积分绝对收敛）.}$$

必须指出，今后凡涉及包括矩在内的数字特征给出定义时也都应有绝对收敛的要求，到时不再一一说明.

二维随机变量的数学期望，原则上可在求出边际分布列（密度）后按一维情形处理，也可在令 $f(X,Y)=X$ 或 $f(X,Y)=Y$ 之后，按随机变量函数的数学期望表出，即

$$EX = \begin{cases} \displaystyle\sum_{i=1}^{\infty}\sum_{j=1}^{\infty} x_i p_{ij} = \sum_{i=1}^{\infty} x_i p_{i\cdot}, & X,Y \text{ 为离散型随机变量,} \\ \displaystyle\int_{-\infty}^{\infty}\int_{-\infty}^{\infty} xp(x,y)\mathrm{d}x\mathrm{d}y = \int_{-\infty}^{\infty} xp_X(x)\mathrm{d}x, & X,Y \text{ 为连续型随机变量;} \end{cases}$$

$$EY = \begin{cases} \displaystyle\sum_{i=1}^{\infty}\sum_{j=1}^{\infty} y_j p_{ij} = \sum_{j=1}^{\infty} y_j p_{\cdot j}, & X,Y \text{ 为离散型随机变量,} \\ \displaystyle\int_{-\infty}^{\infty}\int_{-\infty}^{\infty} yp(x,y)\mathrm{d}x\mathrm{d}y = \int_{-\infty}^{\infty} yp_Y(y)\mathrm{d}y, & X,Y \text{ 为连续型随机变量.} \end{cases}$$

3. 随机变量的函数的数学期望计算公式

（1）设 X 是一维离散型随机变量，$f(x)$ 是连续函数，X 的分布列为

$$P\{X = x_i\} = p_i, \quad i = 1,2,3,\cdots,$$

则随机变量函数 $Y = f(X)$ 的数学期望为

$$EY = Ef(X) = \sum_{i=1}^{\infty} f(x_i) p_i.$$

(2) 设 (X,Y) 是二维离散型随机变量，$f(x,y)$ 是二元连续函数，且 (X,Y) 的联合分布列为

$$P\{X = x_i, Y = y_j\} = p_{ij}, \quad i,j = 1,2,3,\cdots,$$

则随机变量函数 $Z = f(X,Y)$ 的数学期望为

$$EZ = Ef(X,Y) = \sum_{i=1}^{\infty} \sum_{j=1}^{\infty} f(x_i, y_j) p_{ij}.$$

(3) 设 X 是一维连续型随机变量，其概率密度为 $p(x)$，$f(x)$ 是连续函数，则随机变量函数 $Y = f(X)$ 的数学期望为

$$EY = Ef(X) = \int_{-\infty}^{\infty} f(x) p(x) \mathrm{d}x.$$

(4) 设 (X,Y) 是二维连续型随机变量，其联合概率密度为 $p(x,y)$，$f(x,y)$ 是二元连续函数，则随机变量函数 $Z = f(X,Y)$ 的数学期望为

$$EZ = Ef(X,Y) = \int_{-\infty}^{\infty} \int_{-\infty}^{\infty} f(x,y) p(x,y) \mathrm{d}x\mathrm{d}y.$$

4. 数学期望的性质

(1) $E(c) = c$；

(2) $E(aX + b) = aEX + b$；

(3) $E(X \pm Y) = E(X) \pm E(Y)$，一般地，$E(\sum_{i=1}^{n} a_i X_i) = \sum_{i=1}^{n} a_i E(X_i)$；

(4) $EXY = EX \cdot EY + \mathrm{cov}(X,Y)$.

特别地，当 X, Y 相互独立，则 $E(XY) = E(X)E(Y)$（反之不一定成立）.

二、方差

1. 方差的概念

方差是描述随机变量取值集中（或分散）程度的基本数字特征.

2. 方差的计算公式

$$DX = E(X - EX)^2 = EX^2 - (EX)^2.$$

$\sqrt{DX}$ 称为标准差或均方差.

3. 方差的性质

(1) $D(c) = 0$；

(2) $D(aX + b) = a^2 D(X)$；

(3) $D(X \pm Y) = DX + DY \pm 2\mathrm{cov}(X, Y)$.

特别地，当 X, Y 相互独立，则 $D(X \pm Y) = D(X) + D(Y)$，一般地，若 $X_1, \cdots, X_n$ 相互独立，则 $D(\sum_{i=1}^{n} a_i X_i) = \sum_{i=1}^{n} a_i^2 D(X_i)$.

三、几种常见分布的数学期望与方差

分　布	概率分布或概率密度	EX	DX
0—1 分布	$P\{X = k\} = p^k q^{1-k}$, $k = 0, 1$	p	pq
二项分布	$P\{X = k\} = C_n^k p^k q^{n-k}$, $k = 0, 1, 2, \cdots, n$	np	npq
泊松分布	$P\{X = k\} = \dfrac{\lambda^k}{k!} \mathrm{e}^{-\lambda}$ $(\lambda > 0)$, $k = 0, 1, 2, \cdots$	λ	λ
几何分布	$P\{X = k\} = p(1-p)^{k-1}$, $k = 1, 2, \cdots$	$\dfrac{1}{p}$	$\dfrac{1-p}{p^2}$
均匀分布	$p(x) = \begin{cases} \dfrac{1}{b-a}, & a < x < b \\ 0, & \text{其他} \end{cases}$	$\dfrac{a+b}{2}$	$\dfrac{(b-a)^2}{12}$
指数分布	$p(x) = \begin{cases} \lambda \mathrm{e}^{-\lambda x}, & x \geqslant 0, \\ 0, & x < 0, \end{cases} \lambda > 0$	$\dfrac{1}{\lambda}$	$\dfrac{1}{\lambda^2}$
正态分布	$p(x) = \dfrac{1}{\sqrt{2\pi}\sigma} \mathrm{e}^{-\frac{(x-\mu)^2}{2\sigma^2}}$, $x \in \mathbf{R}$, $\sigma > 0$	μ	σ^2

四、协方差与相关系数

1. 协方差与相关系数的概念

协方差与相关系数是反映两个随机变量之间相互关联程度的数字特征.

2. 协方差与相关系数的计算公式

$$\mathrm{cov}(X, Y) = E(X - EX)(Y - EY) = EXY - EX \cdot EY,$$

$$\rho_{XY} = \frac{\mathrm{cov}(X, Y)}{\sqrt{DX} \cdot \sqrt{DY}}.$$

3. 协方差的性质

(1) $\mathrm{cov}(X, c) = 0$；

(2) $\mathrm{cov}(X, X) = DX$；

(3) $\operatorname{cov}(X,Y) = \operatorname{cov}(Y,X)$;

(4) $\operatorname{cov}(a_1 X + b_1, a_2 Y + b_2) = a_1 a_2 \operatorname{cov}(X,Y)$;

(5) $\operatorname{cov}(X_1 + X_2, Y) = \operatorname{cov}(X_1, Y) + \operatorname{cov}(X_2, Y)$.

4. 相关系数的性质

(1) $|\rho_{XY}| \leqslant 1$;

(2) X, Y 以概率 1 呈线性相关 $\Leftrightarrow |\rho_{XY}| = 1$（称 X, Y 完全相关）;

(3) 若 X, Y 相互独立，则 X, Y 必不相关；反之不成立.

5. 下列命题等价

(1) X 与 Y 不相关； (2) $\rho_{XY} = 0$; (3) $\operatorname{cov}(X,Y) = 0$;

(4) $E(XY) = EX \cdot EY$; (5) $D(X \pm Y) = DX + DY$.

§4.2 例题解析

例 1 设随机变量 X 的分布律为

X	-1	0	1	2
p_k	0.1	0.2	0.3	0.4

求 $EX, E(1-X^2)$.

解 $EX = -1 \times 0.1 + 0 \times 0.2 + 1 \times 0.3 + 2 \times 0.4 = 1$,

$E(1-X^2) = [1-(-1)^2] \times 0.1 + [1-(0)^2] \times 0.2 + [1-(1)^2] \times 0.3 + [1-(2)^2]$

$\times 0.4 = -1$.

例 2 把 4 个球随机地投入 4 个盒子中，设 X 表示空盒子的个数，求 $E(X), D(X)$.

解 设空盒子的个数为 X，则 X 可能的取值为 $0, 1, 2, 3$，对应的概率为

$$P(X=0) = \frac{4!}{4^4} = \frac{3}{32}, \qquad\qquad P(X=1) = \frac{4C_3^1 C_4^2 C_2^1}{4^4} = \frac{9}{16},$$

$$P(X=2) = \frac{C_4^2(2C_4^3 + C_4^2)}{4^4} = \frac{21}{64}, \qquad P(X=3) = \frac{4}{4^4} = \frac{1}{64}.$$

所以 X 的分布律为

X	0	1	2	3
P	$\dfrac{3}{32}$	$\dfrac{9}{16}$	$\dfrac{21}{64}$	$\dfrac{1}{64}$

于是 $E(X) = 0 \times \dfrac{3}{32} + 1 \times \dfrac{9}{16} + 2 \times \dfrac{21}{64} + 3 \times \dfrac{1}{64} = \dfrac{81}{64}$,

$$E(X^2) = 0 \times \frac{3}{32} + 1 \times \frac{9}{16} + 4 \times \frac{21}{64} + 9 \times \frac{1}{64} = \frac{129}{64}.$$

所以　　$D(X) = E(X^2) - (EX)^2 = \frac{1\,695}{64^2}.$

例 3　已知随机变量 X 的分布密度为

$$f(x) = \begin{cases} 2x, & 0 < x < 1, \\ 0, & \text{其他}. \end{cases}$$

求 $EX, E(\sin X^2)$.

解　$EX = \displaystyle\int_{-\infty}^{+\infty} xf(x)\,\mathrm{d}x = \int_0^1 x \cdot 2x\,\mathrm{d}x = \frac{2}{3},$

$E(\sin X^2) = \displaystyle\int_{-\infty}^{+\infty} \sin x^2 \cdot f(x)\,\mathrm{d}x = \int_0^1 \sin x^2 \cdot 2x\,\mathrm{d}x$

$\qquad = \displaystyle\int_0^1 \sin x^2 \cdot \mathrm{d}x^2 = -\cos x^2 \Big|_0^1 = 1 - \cos 1.$

例 4　设某种商品每周的需求量 X 服从区间 $[10,30]$ 上的均匀分布,而经销商进货数为区间 $[10,30]$ 中的某一整数,商店每销售一单位商品可获利 500 元;若供大于求则削价处理,每处理一单位商品亏损 100 元;若供不应求,则可从外部调剂供应,此时每单位仅获利 300 元.为使商店所获利润期望值不少于 9 280,试确定最小的进货量.

解　设进货数为 a,利润 Z_a,则

$$Z_a = g(X) = \begin{cases} 500X - 100(a-X), & 10 < X \leqslant a, \\ 500a + 300(X-a), & a < X \leqslant 30, \end{cases}$$

$$= \begin{cases} 600X - 100a, & 10 < X \leqslant a, \\ 300X + 200a, & a < X \leqslant 30. \end{cases}$$

由题意知,X 的概率密度为

$$f(x) = \begin{cases} \dfrac{1}{20}, & 10 \leqslant x \leqslant 30, \\ 0, & \text{其他}. \end{cases}$$

故利润的期望为

$$E(Z_a) = Eg(X) = \int_{-\infty}^{+\infty} g(x)f(x)\,\mathrm{d}x$$

$$= \frac{1}{20}\int_{10}^{a}(600x - 100a)\,\mathrm{d}x + \frac{1}{20}\int_{a}^{30}(300x + 200a)\,\mathrm{d}x$$

$$= -7.5a^2 + 350a + 5\,250 \ (10 \leqslant a \leqslant 30).$$

依题意,a 必须满足

$$-7.5a^2 + 350a + 5\,250 \geqslant 9\,280,$$

即

$$7.5a^2 - 350a + 4\,030 \leqslant 0.$$

解得

$$20\frac{2}{3} \leqslant a \leqslant 26.$$

故利润期望值不少于 9 280 元的最少进货量为 21 单位.

例 5 随机变量 (X,Y) 的联合分布律为

X \ Y	−1	0	1
1	0.2	0.1	0.1
2	0.1	0	0.1
3	0	0.3	0.1

求 $E\left(\dfrac{Y}{X}\right), E(X-Y)^2$.

解 $E\left(\dfrac{Y}{X}\right) = \dfrac{-1}{1} \times 0.2 + \dfrac{0}{1} \times 0.1 + \dfrac{1}{1} \times 0.1 + \dfrac{-1}{2} \times 0.1 + \dfrac{0}{2} \times 0 + \dfrac{1}{2} \times 0.1 +$

$\qquad \dfrac{-1}{3} \times 0 + \dfrac{0}{3} \times 0.3 + \dfrac{1}{3} \times 0.1 = -\dfrac{1}{15}$,

$E(X-Y)^2 = (1+1)^2 \times 0.2 + (1-0)^2 \times 0.1 + (1-1)^2 \times 0.1 + (2+1)^2 \times 0.1 +$

$\qquad (2-0)^2 \times 0 + (2-1)^2 \times 0.1 + (3+1)^2 \times 0 + (3-0)^2 \times 0.3 + (3$

$\qquad -1)^2 \times 0.1 = 5.$

例 6 一商店经销某种商品,每周进货的数量 X 与顾客对该种商品的需求量 Y 是相互独立的随机变量,且都服从区间 $[10,20]$ 上的均匀分布. 商店每售出一单位商品可得利润 1 000 元;若需求量超过了进货量,商店可从其他商店调剂供应,这时每单位商品获利润为 500 元. 试计算此商店每周所得利润的期望值.

解 由 X 与 Y 是相互独立且都服从 $[10,20]$ 上的均匀分布,得 (X,Y) 的联合概率密度

$$f(x,y) = \begin{cases} \dfrac{1}{100}, & 10 \leqslant x \leqslant 20, \ 10 \leqslant y \leqslant 20, \\ 0, & \text{其他}. \end{cases}$$

以 Z 表示"商店每周所得的利润",则

$$Z = \begin{cases} 1\,000Y, & Y \leqslant X, \\ 1\,000X + 500(Y-X), & Y > X \end{cases} = \begin{cases} 1\,000Y, & Y \leqslant X, \\ 500(X+Y), & Y > X. \end{cases}$$

所以期望利润为

$$E(Z) = \int_{-\infty}^{+\infty} \int_{-\infty}^{+\infty} z \cdot f(x,y) \mathrm{d}x\mathrm{d}y$$

$$= \frac{1}{100}\left[\iint\limits_{10 \leqslant y \leqslant x \leqslant 20} 1\,000y\mathrm{d}x\mathrm{d}y + \iint\limits_{10 \leqslant x < y \leqslant 20} 500(x+y)\mathrm{d}x\mathrm{d}y\right]$$

$$= 10\int_{10}^{20} y\,\mathrm{d}y\int_{y}^{20}\mathrm{d}x + 5\int_{10}^{20} y\,\mathrm{d}y\int_{10}^{y}(x+y)\mathrm{d}x$$

$$= \frac{20\,000}{3} + 7\,500 \approx 14\,166.67(元).$$

例 7　设 X 为连续型随机变量,它的所有可能取值位于 $[a,b]$ 内,其概率密度函数为

$$p(x) = \begin{cases} f(x), & a \leqslant x \leqslant b, \\ 0, & 其他. \end{cases}$$

试证: $a \leqslant EX \leqslant b$.

证　$EX = \displaystyle\int_{a}^{b} xf(x)\mathrm{d}x.$

当 $a < x < b, f(x) \geqslant 0$,由定积分的性质,可得

$$a\int_{a}^{b} f(x)\mathrm{d}x \leqslant EX \leqslant b\int_{a}^{b} f(x)\mathrm{d}x,$$

而　$\displaystyle\int_{a}^{b} f(x)\mathrm{d}x = 1$,即有 $a \leqslant EX \leqslant b$.

例 8　设二维随机变量 (X,Y) 在区域 $D: 0 < x < 1, |y| < x$ 内服从均匀分布,求随机变量 $Z = 2X + 1$ 的方差.

解法 1　(X,Y) 的联合密度为

$$f(x,y) = \begin{cases} 1, & (x,y) \in D, \\ 0, & 其他. \end{cases}$$

所以 X 的边缘密度为

$$f_X(x) = \int_{-\infty}^{+\infty} f(x,y)\mathrm{d}y = \begin{cases} \displaystyle\int_{-x}^{x} 1 \cdot \mathrm{d}y = 2x, & 0 < x < 1, \\ 0, & 其他. \end{cases}$$

于是　$EX = \displaystyle\int_{0}^{1} x \cdot 2x\mathrm{d}x = \frac{2}{3}, EX^2 = \int_{0}^{1} x^2 \cdot 2x\mathrm{d}x = \frac{1}{2}.$

有　$DX = EX^2 - (EX)^2 = \dfrac{1}{18}.$

由方差的运算性质得

$$D(2X+1) = 4D(X) = \frac{2}{9}.$$

解法 2　实际上,本题不必求边缘密度,可以直接利用定理计算

$$EZ = \iint\limits_{R} Zf(x,y)\mathrm{d}x\mathrm{d}y = \int_{0}^{1}\mathrm{d}x\int_{-x}^{x}(2x+1) \cdot 1\mathrm{d}y = \frac{7}{3},$$

$$EZ^2 = \iint\limits_R Z^2 f(x,y)\,\mathrm{d}x\mathrm{d}y = \int_0^1 \mathrm{d}x \int_{-x}^{x} (2x+1)^2 \cdot 1 \mathrm{d}y = \frac{17}{3},$$

则 $DZ = EZ^2 - (EZ)^2 = \dfrac{2}{9}$.

例 9 一民航送客车载有 20 位旅客自机场开出,旅客有 10 个车站可以下车. 如到达一个车站没有旅客下车就不停车. 以 X 表示停车的次数,求 $E(X)$(设每位旅客在各个车站下车是等可能的,并设各旅客是否下车相互独立).

解 本题只求 X 的数字期望,可以不直接求出 X 的分布,而采用分解的方法计算.

设 $X_i = \begin{cases} 1 & \text{在第 } i \text{ 个站停车,} \\ 0 & \text{第 } i \text{ 个站不停车,} \end{cases}$ $i = 1, 2, \cdots, 10$.

则 $X = X_1 + X_2 + \cdots + X_{10}$,且 X_i 的分布律是

$$P(X_i = 0) = \left(\frac{9}{10}\right)^{20}, \quad P(X_i = 1) = 1 - \left(\frac{9}{10}\right)^{20}.$$

从而有 $EX = EX_1 + EX_2 + \cdots + EX_{10} = 10EX_1$

$$= 10\left\{0 \times \left(\frac{9}{10}\right)^{20} + 1 \times \left[1 - \left(\frac{9}{10}\right)^{20}\right]\right\} = 10\left[1 - \left(\frac{9}{10}\right)^{20}\right].$$

例 10 抛一枚均匀硬币直到出现 k 次正面为止,试求抛掷次数 X 的数学期望.

解 设 X_i 表示出现第 $i-1$ 次正面以后,到出现第 i 次正面的抛掷次数,则

$$X = X_1 + X_2 + \cdots + X_k.$$

而且

X_i	1	2	$\cdots$	m	$\cdots$
$p(X_i = m)$	$\dfrac{1}{2}$	$\dfrac{1}{2^2}$	$\cdots$	$\dfrac{1}{2^m}$	$\cdots$

有 $EX_i = \displaystyle\sum_{m=1}^{\infty} m \cdot \frac{1}{2^m}$.

因 $\displaystyle\sum_{m=1}^{\infty} mx^m = x\sum_{m=1}^{\infty} mx^{m-1} = x\sum_{m=1}^{\infty} (x^m)' = x\left(\sum_{m=1}^{\infty} x^m\right)' = x \cdot \left(\frac{x}{1-x}\right)' = \frac{x}{(1-x)^2}$,

其中 $|x| < 1$,所以 $EX_i = \displaystyle\sum_{m=1}^{\infty} m \cdot \frac{1}{2^m} = \frac{x}{(1-x)^2}\bigg|_{x=\frac{1}{2}} = 2$.

从而 $EX = EX_1 + EX_2 + \cdots + EX_k = 2k$.

例 11 若随机变量 X, Y 相互独立,且 X 与 Y 的密度函数分别为

$$f_X(x) = \begin{cases} 1, & 0 \leqslant x \leqslant 1, \\ 0, & \text{其他,} \end{cases} \quad f_Y(y) = \begin{cases} \dfrac{3}{2}y^2, & -1 \leqslant y \leqslant 1, \\ 0, & \text{其他.} \end{cases}$$

求 $D(X-2Y)$.

解　$EX = \int_0^1 x \cdot 1 \mathrm{d}x = \dfrac{1}{2}, EX^2 = \int_0^1 x^2 \cdot 1 \mathrm{d}x = \dfrac{1}{3}$，有

$$DX = EX^2 - (EX)^2 = \frac{1}{12}.$$

同样　$EY = \int_{-1}^1 y \cdot \dfrac{3}{2}y^2 \mathrm{d}y = 0, EY^2 = \int_{-1}^1 y^2 \cdot \dfrac{3}{2}y^2 \mathrm{d}y = \dfrac{3}{5}$，有

$$DY = EY^2 - (EY)^2 = \frac{3}{5}.$$

因 X, Y 相互独立，故

$$D(X-2Y) = DX + 4DY = \frac{149}{60}.$$

例 12　设 $X \sim B(n, p)$，当 p 取何值时，X 的方差最大，并写出最大方差.

解　因 $X \sim B(n, p)$，所以有

$$DX = np(1-p) = np - np^2.$$

求导得 $\dfrac{\mathrm{d}D}{\mathrm{d}p} = n - 2np$.

令 $\dfrac{\mathrm{d}D}{\mathrm{d}p} = 0$，解得 $p = \dfrac{1}{2}$.

又 $\dfrac{\mathrm{d}^2 D}{\mathrm{d}p^2} < 0$，则当 $p = \dfrac{1}{2}$ 时，方差 D 最大，并最大方差为

$$(DX)_{\max} = \frac{n}{4}.$$

例 13　设随机变量 X, Y 相互独立，且 $X \sim N(720, 30^2)$，$Y \sim N(640, 25^2)$，求 $Z_1 = 2X + Y, Z_2 = X - Y$ 的分布，并求概率 $P\{X > Y\}$.

解　因 X, Y 相互独立，且 $X \sim N(720, 30^2)$，$Y \sim N(640, 25^2)$，故 $Z_1 = 2X + Y, Z_2 = X - Y$ 均服从正态分布，且

$$E(Z_1) = 2E(X) + E(Y) = 2 \times 720 + 640 = 2\,080,$$
$$D(Z_1) = 4D(X) + D(Y) = 4 \times 30^2 + 25^2 = 4\,225,$$
$$E(Z_2) = E(X) - E(Y) = 720 - 640 = 80,$$
$$D(Z_2) = D(X) + D(Y) = 30^2 + 25^2 = 1\,525.$$

所以　$Z_1 \sim N(2\,080, 4\,225)$，$Z_2 \sim N(80, 1\,525)$.

$$P\{X > Y\} = P\{Z_2 > 0\} = 1 - P\{Z_2 \leqslant 0\} = 1 - \Phi\left(\frac{0-80}{\sqrt{1\,525}}\right)$$

$$= \Phi(2.048\,6) = 0.979\,8.$$

例 14　设随机变量 X 和 Y 的数学期望分别为 -1 和 1，方差分别为 1 和 4，而相关系

数为 -0.5，试根据切比雪夫不等式估计概率 $P\{|X+Y|\geqslant 5\}$.

解 已知 $EX=1$，$EY=-1$，$DX=1$，$DY=4$，$\rho=-0.5$，由数学期望、方差、协方差的运算性质有

$$E(X+Y)=EX+EY=0,\quad \text{cov}(X,Y)=\sqrt{DX}\cdot\sqrt{DY}\rho_{XY}=-1,$$

并得 $D(X+Y)=DX+DY+2\text{cov}(X,Y)=3$.

由切比雪夫不等式得

$$P\{|X+Y|\geqslant 5\}\leqslant\frac{D(X+Y)}{25}=\frac{3}{25}.$$

例 15 已知随机变量 X 与 Y 有相同的不为零的方差，则 X 与 Y 相关系数 $\rho=1$ 的充分必要条件是（　　）.

(A) $\text{cov}(X+Y,X)=0$ (B) $\text{cov}(X+Y,Y)=0$

(C) $\text{cov}(X+Y,X-Y)=0$ (D) $\text{cov}(X-Y,X)=0$

解 已知 $D(X)=D(Y)$，$\rho=1$，因 $\rho=\dfrac{\text{cov}(X,Y)}{\sqrt{D(X)}\cdot\sqrt{D(Y)}}=1$，得

$$\text{cov}(X,Y)=\sqrt{DX}\cdot\sqrt{DY}=DX.$$

而 $\text{cov}(X-Y,X)=\text{cov}(X,X)-\text{cov}(Y,X)=D(X)-\text{cov}(X,Y)=0$.

故应选（D）.

例 16 设随机变量 (X,Y) 的联合分布律为

X \ Y	0	1	2
0	0.1	0.2	0.2
1	0	0.4	0.1

(1) 试求 $\text{cov}(X,Y)$，ρ_{XY}；(2) 问 X,Y 是否相关？是否独立？

解 （1）先求出 X 与 Y 的边缘分布分别为

X	0	1
P	0.5	0.5

Y	0	1	2
P	0.1	0.6	0.3

所以 $EX=0\times 0.5+1\times 0.5=0.5$，$EY=0\times 0.1+1\times 0.6+2\times 0.3=1.2$.

由联合分布律计算得

$$E(XY)=0\times 0\times 0.1+0\times 1\times 0.2+0\times 2\times 0.2+1\times 0\times 0+$$
$$1\times 1\times 0.4+1\times 2\times 0.1=0.6,$$

所以 $\text{cov}(X,Y)=E(XY)-EX\cdot EY=0$，且 $\rho_{XY}=0$.

(2) 因 $\rho_{XY}=0$，所以 X 与 Y 不相关.

但 $P(X=0,Y=0)=0.1\neq P(X=0)\cdot P(Y=0)=0.5\times0.1=0.05$，所以 X 与 Y 不独立.

例 17　设随机向量 (X,Y) 的联合概率密度函数为

$$f(x,y)=\begin{cases}\dfrac{1}{8}(x+y),&0\leqslant x\leqslant 2,0\leqslant y\leqslant 2,\\0,&\text{其他.}\end{cases}$$

求：(1) EX,EY,DX,DY；(2) X,Y 的相关系数 ρ_{XY}.

解　(1) X 的边际密度为

$$f_X(x)=\begin{cases}\displaystyle\int_0^2\dfrac{1}{8}(x+y)\mathrm{d}y=\dfrac{1}{4}(x+1),&0\leqslant x\leqslant 2,\\0,&\text{其他.}\end{cases}$$

Y 的边际密度为

$$f_Y(y)=\begin{cases}\displaystyle\int_0^2\dfrac{1}{8}(x+y)\mathrm{d}x=\dfrac{1}{4}(y+1),&0\leqslant y\leqslant 2,\\0,&\text{其他.}\end{cases}$$

计算得

$$EX=\int_0^2\dfrac{1}{4}x(x+1)\mathrm{d}x=\dfrac{7}{6},\qquad EX^2=\int_0^2\dfrac{1}{4}x^2(x+1)\mathrm{d}x=\dfrac{5}{3}.$$

故有

$$DX=EX^2-(EX)^2=\dfrac{11}{36}.$$

同理可得　$EY=\dfrac{7}{6}$，$DY=\dfrac{11}{36}$.

(2) $E(XY)=\displaystyle\iint\limits_D\dfrac{1}{8}xy(x+y)\mathrm{d}\sigma=\int_0^2\mathrm{d}x\int_0^2\dfrac{1}{8}xy(x+y)\mathrm{d}y=\dfrac{4}{3}$,

故　$\mathrm{cov}(X,Y)=E(XY)-EX\cdot EY=\dfrac{4}{3}-\left(\dfrac{7}{6}\right)^2=\dfrac{-1}{36}$,

则　$\rho_{XY}=\dfrac{\mathrm{cov}(X,Y)}{\sqrt{DX}\cdot\sqrt{DY}}=\dfrac{-1}{36}\Big/\dfrac{11}{36}=-\dfrac{1}{11}$.

注　实际上，本题不必求边缘密度，可以直接利用定理计算：

$$EX=\iint\limits_R xf(x,y)\mathrm{d}x\mathrm{d}y=\int_0^2\mathrm{d}x\int_0^2\dfrac{1}{8}x(x+y)\mathrm{d}y=\dfrac{7}{6},$$

$$EX^2=\iint\limits_R x^2f(x,y)\mathrm{d}x\mathrm{d}y=\int_0^2\mathrm{d}x\int_0^2\dfrac{1}{8}x^2(x+y)\mathrm{d}y=\dfrac{5}{3},$$

$$EY=\iint\limits_R yf(x,y)\mathrm{d}x\mathrm{d}y=\int_0^2\mathrm{d}x\int_0^2\dfrac{1}{8}y(x+y)\mathrm{d}y=\dfrac{7}{6},$$

$$EY^2 = \iint\limits_R y^2 f(x,y)\mathrm{d}x\mathrm{d}y = \int_0^2 \mathrm{d}x \int_0^2 \frac{1}{8}y^2(x+y)\mathrm{d}y = \frac{5}{3}.$$

后解同上.

例 18 若 X,Y 的密度函数为

$$P(x,y) = \begin{cases} \dfrac{1}{\pi}, & x^2+y^2 \leqslant 1, \\ 0, & x^2+y^2 > 1. \end{cases}$$

试证：X 与 Y 不相关,但它们不独立.

分析 要证明 X 与 Y 不相关,只要能证明 $\mathrm{cov}(X,Y)=0$ 即可,要说明不独立,利用联合密度函数,可求出边缘密度函数,利用两个边缘密度函数相乘不等于联合密度函数,即可证明不独立.

证 $EX = \displaystyle\int_{-\infty}^\infty \int_{-\infty}^\infty xp(x,y)\mathrm{d}x\mathrm{d}y = \int_{-1}^1 x\mathrm{d}x \int_{-\sqrt{1-x^2}}^{\sqrt{1-x^2}} \frac{1}{\pi}\mathrm{d}y = 0.$

同理 $EY = 0$.

$$\mathrm{cov}(X,Y) = EXY - EX \cdot EY = \int_{-1}^1 x\mathrm{d}x \int_{-\sqrt{1-x^2}}^{\sqrt{1-x^2}} \frac{1}{\pi}y\mathrm{d}y = 0.$$

即 X 与 Y 不相关. 但 X 与 Y 不独立,事实上可求得

$$P_X(x) = \begin{cases} \dfrac{2}{\pi}\sqrt{1-x^2}, & |x| \leqslant 1, \\ 0, & |x| > 1, \end{cases} \qquad P_Y(y) = \begin{cases} \dfrac{2}{\pi}\sqrt{1-y^2}, & |y| \leqslant 1, \\ 0, & |y| > 1. \end{cases}$$

而当 $|x| \leqslant 1$ 且 $|y| \leqslant 1$ 时,几乎处处有 $P(x,y) \neq P_X(x)P_Y(y)$.

例 19 随机变量 X 与 Y 满足 $DX=4, DY=1, \rho_{XY}=\dfrac{1}{2}$,设 $U=X+Y, V=X-Y$,求 U 和 V 的相关系数 ρ_{UV}.

解 $DU = D(X+Y) = DX + DY + 2\mathrm{cov}(X,Y)$

$\qquad = DX + DY + 2\rho_{XY}\sqrt{DX} \cdot \sqrt{DY} = 7,$

$DV = D(X-Y) = DX + DY - 2\mathrm{cov}(X,Y)$

$\qquad = DX + DY - 2\rho_{XY}\sqrt{DX} \cdot \sqrt{DY} = 3,$

$\mathrm{cov}(U,V) = \mathrm{cov}(X+Y,X-Y) = \mathrm{cov}(X,X) - \mathrm{cov}(X,Y) + \mathrm{cov}(Y,X) - \mathrm{cov}(Y,Y)$

$\qquad = DX - DY = 3,$

则 $\quad \rho_{UV} = \dfrac{\mathrm{cov}(U,V)}{\sqrt{DU} \cdot \sqrt{DV}} = \dfrac{3}{\sqrt{21}}.$

例 20 设 $X \sim N(\mu_1, \sigma_1^2), Y \sim N(\mu_2, \sigma_2^2)$,且 X,Y 相互独立,求 $E(XY), D(XY)$.

解 由已知 $EX=\mu_1, DX=\sigma_1^2, EY=\mu_2, DY=\sigma_2^2$,又因 X,Y 相互独立,而对于正态

分布可得 X,Y 不相关,则

$$E(XY) = EX \cdot EY = \mu_1 \mu_2.$$

由 X,Y 相互独立,得 X^2,Y^2 相互独立,有

$$E(X^2Y^2) = EX^2 \cdot EY^2 = [DX + (EX)^2] \cdot [DY + (EY)^2]$$
$$= (\mu_1^2 + \sigma_1^2)(\mu_2^2 + \sigma_2^2),$$

从而 $\quad D(XY) = E(X^2Y^2) - [E(XY)]^2 = (\mu_1^2 + \sigma_1^2)(\mu_2^2 + \sigma_2^2) - \mu_1^2\mu_2^2.$

例 21 假定有一个商业企业面临着是否扩大经营问题,根据现有资料估计,如果未来的市场繁荣而现在就进行扩展经营,则一年内可以获利 328 万元;如果未来市场萧条,则将损失 80 万元. 如果这个企业等待下一年再扩展,在市场繁荣的情况下,将获利 160 万元,而在市场萧条的情况下,则仅能获利 16 万元. 现在的问题是,这个企业的领导人将怎样作出决策?

解 首先要对未来市场作出适当估计. 假定企业领导人认为未来市场萧条较之市场繁荣是 2∶1,即市场萧条和繁荣的概率分别为 2/3 和 1/3,因此,如果立即扩展,则利润的期望值是

$$328 \times \frac{1}{3} + (-80) \times \frac{2}{3} = 56(万元).$$

如果他决定下一年再扩展,则利润的期望值为

$$160 \times \frac{1}{3} + 16 \times \frac{2}{3} = 64(万元).$$

按此计算结果,自然应当以采取推迟扩展的决策为有利.

由于两种决策以一定的概率出现,因此两种决策的平均利润是预估值,我们所作出的决策必定承受一定的风险,我们还需要考虑市场萧条和繁荣的概率变动对决策的影响,如果领导人对未来市场的估计不是 2∶1,而是 3∶2,那么,他立即扩展所期望的利润为

$$328 \times \frac{2}{5} + (-80) \times \frac{3}{5} = 83.2(万元).$$

而推迟扩展所期望的利润为

$$160 \times \frac{2}{5} + 16 \times \frac{3}{5} = 73.6(万元).$$

按此计算结果,则立即扩展较为有利.

注 从上述例子可看到,人们在处理一个问题时,往往面临若干种自然状态,存在多种方案可供选择,这就构成了决策,自然状态是客观存在的不可控的因素,供选择的行动方案称为策略,选择哪种方案由决策者确定. 依据概率决策称为风险决策.

例 22 (报童问题)一位报童每天从邮局购进报纸零售,当天卖不出的报纸则退回邮局,报纸每份售出价为 a,购进价为 b,退回价为 c,有 $c < b < a$,由于退回报纸份数过多会

赔本,报童应如何确定购进报纸的份数?

解 报童每天的报纸的销售量 R 是随机变量,其分布律为
$$P\{R = r\} = p(r), \quad r = 0, 1, 2, \cdots.$$

假设他每天购进 n 份报纸,获得的利润为
$$L = L(r) = \begin{cases} (a-b)r - (b-c)(n-r), & r \leqslant n, \\ (a-b)n, & r > n. \end{cases}$$

平均利润为
$$L(n) = \sum_{r=0}^{n} \left[(a-b)r - (b-c)(n-r)\right]p(r) + \sum_{r=n+1}^{\infty} (a-b)np(r).$$

现在应求 n 使 $L(n)$ 达到最大值.

通常销售量 r 的取值和购进量 n 都相当大,为便于分析,将 r 和 n 视为连续变量,将 $p(r)$ 视为概率密度 $f(r)$,上式改写为
$$L(n) = \int_0^n \left[(a-b)r - (b-c)(n-r)\right]f(r)\mathrm{d}r + \int_n^{+\infty} (a-b)nf(r)\mathrm{d}r.$$

令
$$\frac{\mathrm{d}L(n)}{\mathrm{d}n} = (a-b)nf(r) - \int_0^n (b-c)f(r)\mathrm{d}r - (a-b)nf(r) + \int_n^{+\infty} (a-b)f(r)\mathrm{d}r$$
$$= -\int_0^n (b-c)f(r)\mathrm{d}r + \int_n^{+\infty} (a-b)f(r)\mathrm{d}r = 0,$$

得
$$\frac{\int_0^n f(r)\mathrm{d}r}{\int_n^{+\infty} f(r)\mathrm{d}r} = \frac{a-b}{b-c}.$$

令
$$p_1 = \int_0^n f(r)\mathrm{d}r, \quad p_2 = \int_n^{+\infty} f(r)\mathrm{d}r.$$

所得结果分析如下:若购进 n 份报纸,则 p_1 是报纸卖不完的概率,p_2 是报纸全部卖出的概率,购进的份数 n 应使卖不完的概率与卖完的概率之比,恰等于卖出一份赚的钱与退回一份赔的钱之比.

§4.3 练习题

一、填空题

1. 设 ξ, η 相互独立,且 $E\xi = E\eta = 1$, $D\xi = D\eta = 4$,则 $E(\xi - \eta)^2 = $ _____.

2. 设随机变量 X 服从 $[0,4]$ 上的均匀分布,则 $Y = \dfrac{X}{2} - 1$ 的数学期望为 _____.

3. 设随机变量 X 服从正态分布,密度函数为 $p(x) = \dfrac{1}{2\sqrt{2\pi}}\mathrm{e}^{-\frac{(x-1)^2}{8}}$ $(x \in \mathbf{R})$,则

$E(2X^2 - 1) = $ _____.

4. 若 $X \sim N(1,16)$，$Y \sim N(2,9)$，且 X,Y 相互独立，则 $D(Y-X) = $ _____.

5. 设随机变量 ξ 的 $E\xi = \mu$，$D\xi = \sigma^2$，用切比雪夫不等式估计概率 $P\{|\xi - \mu| < 3\sigma\}$

_____.

二、单项选择题

1. 设随机变量 X,Y 相互独立且分布相同，则 $X+Y$ 与 $2X$ 的关系是（　　）.

（A）有相同的分布　　　　　　　　　（B）数学期望相等

（C）方差相等　　　　　　　　　　　（D）以上均不成立

2. 设 X 服从二项分布 $B(n,p)$，则有（　　）.

（A）$E(2X-1) = 2np$　　　　　　　（B）$E(2X+1) = 4np+1$

（C）$D(2X+1) = 4np(1-p)+1$　　　（D）$D(2X-1) = 4np(1-p)$

3. 设随机变量 X 的分布列为 $\dfrac{X \quad | \quad -2 \quad\ 0 \quad\ 2}{P \quad | \quad 0.4 \quad 0.3 \quad 0.3}$，则 $E(3X^2+5) = $（　　）.

（A）13　　　　　　（B）3.2　　　　　　（C）13.4　　　　　　（D）13.6

4. 如果随机变量 X,Y 满足 $D(X+Y) = D(X-Y)$，则必有（　　）.

（A）X 与 Y 独立　　　　　　　　　（B）X 与 Y 不相关

（C）$D(Y) = 0$　　　　　　　　　　　（D）$D(X) \cdot D(Y) = 0$

5. 设随机变量 X 和 Y 都服从 $N(\mu,1)$，且相互独立，则下列结论不成立的是（　　）.

（A）$E(2X-2Y) = 0$　　　　　　　　（B）$E(2X+2Y) = 4\mu$

（C）$D(2X-2Y) = 0$　　　　　　　　（D）X 和 Y 不相关

6. 设随机变量 X 和 Y 的概率密度函数分别为 $p_X(x) = \begin{cases} 1, & 0 \leqslant x \leqslant 1, \\ 0, & \text{其他}, \end{cases}$ $p_Y(y) = \begin{cases} 2e^{-2y}, & y \geqslant 0, \\ 0, & y < 0, \end{cases}$ 且 X 与 Y 相互独立，则 $E(XY) = $（　　）.

（A）1　　　　　　（B）$\dfrac{1}{2}$　　　　　　（C）$\dfrac{1}{3}$　　　　　　（D）$\dfrac{1}{4}$

三、计算题

1. 在 $1,2,3,4,5$ 五个数中任取三个，X 表示取到的三个数中的最小数. 求：(1) X 的分布律；(2)EX,DX.

2. 有 3 只球，4 只盒子，盒子的编号为 $1,2,3,4$，将球逐个独立随机地放入 4 只盒子中去. 以 X 表示其中至少有一只球的盒子的最小号码（例如 $X=3$ 表示第 1 号，第 2 号盒子是空的，第 3 只盒子至少有一只球），试求 $E(X)$.

3. 某柜台上有 4 个售货员，并预备了两个台秤，若每个售货员在 1 h 内平均有15 min 时间使用台秤，求：(1)任一时刻使用台秤的售货员人数服从什么分布；(2)10 h 内平均有多少时间台秤不够用.

4. 若有 n 把看上去样子相同的钥匙,其中只有一把能打开门上的锁.用它们去试开门上的锁.设取到每把钥匙是等可能的.(1) 若每把钥匙试开一次后除去;(2)若每把钥匙试开一次后不除去,分别求试开次数 X 的数学期望.

5. 流水生产线上每个产品不合格的概率为 $p(0<p<1)$,各产品合格与否相互独立,当出现 k 个不合格产品时即停机检修.设开机后第一次停机时已生产了的产品个数为 X,求 X 的数学期望 $E(X)$ 和方差 $D(X)$.

6. 将 n 个球(1~n 号)随机地放进 n 只盒子(1~n 号)中去.一只盒子装一个球.若一个球装入与球同号的盒子中,称为一个配对.记 X 为总的配对数,求 $E(X)$.

7. 设在某一规定的时间间隔里,某电气设备用于最大负荷的时间 X(以分计)是一个随机变量,其概率密度为

$$f(x) = \begin{cases} \dfrac{x}{1\ 500^2}, & 0 \leqslant x \leqslant 1\ 500, \\ \dfrac{3\ 000 - x}{1\ 500^2}, & 1\ 500 < x \leqslant 3\ 000, \\ 0, & \text{其他.} \end{cases}$$

求 $E(X)$.

8. 设随机变量 X 服从 Γ 分布,其概率密度为

$$f(x) = \begin{cases} \dfrac{1}{\beta^\alpha \Gamma(\sigma)} x^{\alpha-1} \mathrm{e}^{-\frac{x}{\beta}}, & x > 0, \\ 0, & x \leqslant 0, \end{cases}$$

其中 $\sigma > 0, \beta > 0$ 是常数.求 $E(X), D(X)$.

9. 由自动生产线加工的某种零件的内径为 X(单位:mm),内径小于 10 mm 或大于 12 mm 的为不合格品,其余是合格品.已知 $X \sim N(11,1)$,并且销售利润 T(单位:元)与零件内径 X 有以下关系:

$$T = \begin{cases} -1, & X < 10, \\ 20, & 10 \leqslant X \leqslant 12, \\ -5, & X > 12. \end{cases}$$

试求销售一个零件的平均利润.

10. 设随机变量 X 的密度函数为

$$f(x) = \begin{cases} a + bx^2, & 0 < x < 1, \\ 0, & \text{其他,} \end{cases}$$

且 $EX = \dfrac{3}{5}$. 试求:(1)常数 a, b;(2)DX.

11. 设随机变量 $X \sim U(0,1)$,试求 $E(-2\ln X)$.

12. 设随机变量 X 的概率密度为

$$f(x) = \begin{cases} e^{-x}, & x > 0, \\ 0, & x \leqslant 0. \end{cases}$$

求：(1) $Y = 2X$；(2) $Y = e^{-2X}$ 的数学期望.

13. 设 (X, Y) 的概率密度为

$$f(x, y) = \begin{cases} 12y^2, & 0 \leqslant y \leqslant x \leqslant 1, \\ 0, & \text{其他.} \end{cases}$$

求 $E(X), E(Y), E(XY), E(X^2 + Y^2)$.

14. 设电压(以 V 计) $X \sim N(0, 9)$. 将电压施加于一检波器，其输出电压为 $Y = 5X^2$，求输出电压 Y 的均值.

15. (1) 设随机变量 X_1, X_2, X_3, X_4 相互独立，且有 $E(X_i) = i, D(X_i) = 5 - i, i = 1, 2, 3, 4$. 设 $Y = 2X_1 - X_2 + 3X_3 - \frac{1}{2}X_4$，求 $E(Y), D(Y)$.

(2) 设随机变量 X，Y 相互独立，且 $X \sim N(720, 30^2)$，$Y \sim N(640, 25^2)$，求 $Z_1 = 2X + Y, Z_2 = X - Y$ 的分布，并求概率 $P\{X > Y\}, P\{X + Y > 1\,400\}$.

16. 设随机变量 X_1, X_2 概率密度分别为

$$f(x) = \begin{cases} 2e^{-2x}, & x > 0, \\ 0, & x \leqslant 0, \end{cases} \qquad f(x) = \begin{cases} 4e^{-4x}, & x > 0, \\ 0, & x \leqslant 0. \end{cases}$$

(1) 求 $E(X_1 + X_2), E(2X_1 - 3X_2^2)$；

(2) 设 X_1, X_2 相互独立，求 $E(X_1 X_2)$.

17. 设随机向量 (X, Y) 的联合分布律为

X \ Y	0	1	2
1	0.5	0.25	0
2	0.2	0	0.05

求协方差 $\mathrm{cov}(X, Y)$ 及相关系数 ρ_{XY}.

18. 设随机变量 (X, Y) 的密度函数为

$$f(x, y) = \begin{cases} xe^{-x-y}, & x > 0, y > 0, \\ 0, & \text{其他.} \end{cases}$$

试求 X 和 Y 的协方差 $\mathrm{cov}(X, Y)$ 与相关系数 ρ_{XY}.

19. 设 A 和 B 是试验 E 的两个事件，且 $P(A) > 0, P(B) > 0$，并定义随机变量 X，Y 如下：

$$X = \begin{cases} 1, & \text{若 } A \text{ 发生}, \\ 0, & \text{若 } A \text{ 不发生}, \end{cases} \qquad Y = \begin{cases} 1, & \text{若 } B \text{ 发生}, \\ 0, & \text{若 } B \text{ 不发生}. \end{cases}$$

证明:若 $\rho_{XY} = 0$,则 X 和 Y 必定相互独立.

20. 设 $X \sim N(\mu, \sigma^2), Y \sim N(\mu, \sigma^2)$,且设 X, Y 相互独立,试求: $Z_1 = \alpha X + \beta Y$ 和 $Z_2 = \alpha X - \beta Y$ 的相关系数(其中 α, β 是不为零的常数).

21. (1) 设 $W = (aX + 3Y)^2, E(X) = E(Y) = 0, D(X) = 4, D(Y) = 16, \rho_{XY} = -0.5$. 求常数 a 使 $E(W)$ 为最小,并求 $E(W)$ 的最小值.

(2) 设 X, Y 服从二维正态分布,且有 $D(X) = \sigma_X^2, D(Y) = \sigma_Y^2$. 证明:当 $a^2 = \dfrac{\sigma_X^2}{\sigma_Y^2}$ 时,随机变量 $W = X - aY$ 与 $V = X + aY$ 相互独立.

22. 对于两个随机变量 V, W,若 $E(V^2), E(W^2)$ 存在,证明:
$$[E(VW)]^2 \leqslant E(V^2) \cdot E(W^2).$$

这一不等式称为柯西-施瓦兹(Cauchy-Schwarz)不等式.

提示 考虑实变量 t 的函数
$$q(t) = E(V + tW)^2 = E(V^2) + 2tE(VW) + t^2 E(W^2).$$

第五章　大数定律与中心极限定理

§5.1　内容提要

1. 依概率收敛

定义　给定随机变量序列 $\{X_n\}$，若对任意正数 ε，有

$$\lim_{n\to\infty}P\{\mid X_n - a \mid < \varepsilon\} = 1,$$

则称 $\{X_n\}$ 依概率收敛于常数 a.

依概率收敛与高等数学中收敛的区别：在高等数学中，数列 $\{x_n\}$ 满足 $\lim_{n\to\infty}x_n = a$ 意味着对任意的正数 ε，存在 $N > 0$，使得当 $n > N$ 时，有 $\mid x_n - a \mid < \varepsilon$，绝不会有 $\mid x_n - a \mid \geqslant \varepsilon$ 的情况发生；在概率论中，若随机变量序列 $\{X_n\}$ 依概率收敛于 a，只意味着对任意给定的正数 ε，当 n 充分大时，事件"$\mid X_n - a \mid < \varepsilon$"发生的概率很大，几乎接近于 1，但并不排除事件"$\mid X_n - a \mid \geqslant \varepsilon$"的发生，而只是说它发生的可能性很小. 两者相比较，可见依概率收敛的条件要比高等数学中普通意义下收敛的条件要弱，具有某种不确定性.

2. 切比雪夫大数定律

设 $X_1, X_2, \cdots$ 是相互独立的随机变量序列，存在数学期望 EX_i 及方差 $DX_i (i = 1, 2, \cdots)$，并且存在常数 C，使得 $DX_i < C (i = 1, 2, \cdots)$，则对任意的 $\varepsilon > 0$，有

$$\lim_{n\to\infty}P\left\{\left|\frac{1}{n}\sum_{i=1}^{n}X_i - \frac{1}{n}\sum_{i=1}^{n}EX_i\right| < \varepsilon\right\} = 1.$$

切比雪夫大数定律表明：当 n 很大时，n 个随机变量的算术平均值将比较密集地集中在它的数学期望附近，且当 $n \to \infty$ 时，这两者差依概率收敛于 0.

切比雪夫大数定律的推论　若 $X_1, X_2, \cdots$ 是独立同分布的随机变量序列，期望 $EX_i = \mu$，方差 $DX_i = \sigma^2 (i = 1, 2, \cdots)$ 均存在，则对任意的 $\varepsilon > 0$，有

$$\lim_{n\to\infty}P\left\{\left|\frac{1}{n}\sum_{i=1}^{n}X_i - \mu\right| < \varepsilon\right\} = 1.$$

这一推论表明，若对同一随机变量进行 n 次独立观测，则所有观测值的算术平均数将依概率收敛于随机变量的期望值.

3. 伯努利大数定律

设 n_A 是 n 次独立重复试验中事件 A 发生的次数，p 是事件 A 在每次试验中发生的概率，则对任意的 $\varepsilon > 0$，有

$$\lim_{n \to \infty} P\left\{ \left| \frac{n_A}{n} - p \right| < \varepsilon \right\} = 1,$$

$$\lim_{n \to \infty} P\left\{ \left| \frac{n_A}{n} - p \right| \geqslant \varepsilon \right\} = 0.$$

伯努利大数定律以严格的数学形式证明了事件发生的频率收敛于其概率，但这种收敛不是高等数学中普通意义下的收敛，而是依概率收敛. 即：频率在依概率收敛的意义下收敛于概率，因此当试验次数 n 很大时，我们可用 A 发生的频率来近似替代 A 发生的概率.

4. 辛钦大数定律

设随机变量序列 $X_1, X_2, \cdots$ 相互独立，服从同一分布，且具有数学期望 $EX_i = \mu (i = 1, 2, \cdots)$，则对于任意 $\varepsilon > 0$，有

$$\lim_{n \to \infty} P\left\{ \left| \frac{1}{n} \sum_{i=1}^{n} X_i - \mu \right| < \varepsilon \right\} = 1.$$

该定律表明，对独立同分布的随机变量序列，只要期望存在，则 n 个随机变量的算术平均值的离散程度很小，它依概率收敛于其自身的数学期望.

5. 林德伯格—列维定理(独立同分布的中心极限定理)

设随机变量序列 $X_1, X_2, \cdots$ 独立同分布，$EX_i = \mu, DX_i = \sigma^2 > 0 (i = 1, 2, \cdots)$，记 Y_n

$$= \frac{\sum\limits_{i=1}^{n} X_i - n\mu}{\sqrt{n}\sigma},$$ 则对任意实数 x，有

$$\lim_{n \to \infty} P\{Y_n \leqslant x\} = \int_{-\infty}^{x} \frac{1}{\sqrt{2\pi}} \mathrm{e}^{-\frac{t^2}{2}} \mathrm{d}t = \Phi(x).$$

这一定理表明，当 n 足够大时，Y_n 近似服从标准正态分布 $N(0, 1)$，这在数理统计中有非常重要的作用.

6. 棣莫弗—拉普拉斯中心极限定理

设随机变量 Y_n 服从参数为 $n, p(0 < p < 1)$ 的二项分布，则对任意实数 x，有

$$\lim_{n \to \infty} P\left\{ \frac{Y_n - np}{\sqrt{np(1-p)}} \leqslant x \right\} = \int_{-\infty}^{x} \frac{1}{\sqrt{2\pi}} \mathrm{e}^{-\frac{t^2}{2}} \mathrm{d}t.$$

这个定理的直观意义是，当 n 足够大时，服从二项分布的随机变量 Y_n 可以近似看做服从正态分布 $N(np, np(1-p))$，从而 $\dfrac{Y_n - np}{\sqrt{np(1-p)}}$ 可以看做近似服从标准正态分布.

大数定律和中心极限定理是概率论中最重要的基本结论.大数定律给出了在试验次数很大时频率和平均值的稳定性,从理论上肯定了用算术平均值代替均值,用频率代替概率的合理性,它既验证了概率论中一些假设的合理性,又为数理统计中用样本推断总体提供了理论依据.其中,切比雪夫大数定律是辛钦大数定律的推广,辛钦大数定律是伯努利大数定律的推广.在切比雪夫大数定律中,令 $X_1, X_2, \cdots$ 同分布且 $EX_i = \mu, DX_i = \sigma^2 > 0, i = 1, 2, \cdots$,则切比雪夫大数定律的结论变为辛钦大数定律的结论;在辛钦大数定律中,令 X_i 服从 $B(1, p), i = 1, 2, \cdots$,这时,辛钦大数定律的结论变为伯努利大数定律的结论.中心极限定理是阐明有些本身不服从正态分布的一些独立的随机变量,它们的总和的分布渐进地服从正态分布.中心极限定理表明:由大量独立因素共同决定的随机变量服从或近似服从正态分布,而现实生活中由大量独立因素共同决定的随机变量普遍存在,这就从理论上说明了为什么正态分布在自然界中广泛存在.其中,棣莫弗—拉普拉斯定理是列维—林德伯格定理的特例,在列维—林德伯格定理中,令 $X_i \sim B(1, p)$, $i = 1, 2, \cdots$,这时,列维—林德伯格定理的结论变为棣莫弗—拉普拉斯定理的结论.

§5.2 例题解析

例 1 设 $X_1, X_2, \cdots$ 是相互独立的随机变量序列,其分布列如下所示:

X_n	$-na$	0	na
P	$\dfrac{1}{2^n}$	$1 - \dfrac{1}{2^{n-1}}$	$\dfrac{1}{2^n}$

其中 $a \neq 0$ 为已知常数,$n = 1, 2, \cdots$,问 $X_1, X_2, \cdots$ 是否满足切比雪夫大数定律的条件?

解 由切比雪夫大数定律可知,只要验证随机变量序列相互独立,期望与方差都存在及方差有与 n 无关的上界 C,即 $DX_n < C, n = 1, 2, \cdots$.

由于

$$EX_n = (-na)\frac{1}{2^n} + 0(1 - \frac{1}{2^{n-1}}) + (na)\frac{1}{2^n} = 0,$$

$$DX_n = EX_n^2 - (EX_n)^2 = \frac{n^2}{2^{n-1}}a^2,$$

因此,期望与方差都存在,由微积分知识可知 $\lim\limits_{n \to \infty} \dfrac{n^2}{2^{n-1}}a^2 = 0$,由于数列有极限一定有界,因此存在常数 C,使得 $\dfrac{n^2}{2^{n-1}}a^2 < C, n = 1, 2, \cdots$.

因此,$X_1, X_2, \cdots$ 满足切比雪夫大数定律的条件.

例 2 设随机变量序列 $X_1, X_2, \cdots$ 独立同分布,其分布函数为 $F(x) = A + \dfrac{1}{\pi}\arctan\dfrac{x}{B}$,其中 $B \neq 0$,问此随机变量序列是否满足辛钦大数定律的条件?

解 根据题意,只需判断 EX_n 是否存在,即广义积分 $\displaystyle\int_{-\infty}^{+\infty} xf(x)\,\mathrm{d}x$ 是否(绝对)收敛即可.

由于密度函数 $f(x) = F'(x) = \dfrac{B}{\pi(B^2 + x^2)}$,因此

$$\int_{-\infty}^{+\infty} xf(x)\,\mathrm{d}x = \int_{-\infty}^{+\infty} \frac{Bx}{\pi(B^2 + x^2)}\,\mathrm{d}x.$$

而 $\displaystyle\int_0^{+\infty} \frac{Bx}{\pi(B^2 + x^2)}\,\mathrm{d}x = \frac{B}{2\pi}\ln(B^2 + x^2)\Big|_0^{+\infty} = \infty$,发散,因此,原广义积分发散,故不满足辛钦大数定律的条件.

例 3 一大批种子,良种占 30%,其中任选 $10\,000$ 粒,计算其良种率与 30% 之差的绝对值大于 1% 的概率.

解 设 $10\,000$ 粒种子中良种的数目为 X,则 $X \sim B(10\,000, 0.3)$,由棣莫弗—拉普拉斯中心极限定理得,$\dfrac{X - np}{\sqrt{np(1-p)}}$ 近似服从 $N(0, 1)$,因此有

$$
\begin{aligned}
P\{|\,\tfrac{X}{n} - p\,| > 0.01\} &= 1 - P\left\{\left|\frac{X}{n} - p\right| \leqslant 0.01\right\} \\
&= 1 - P\left\{\left|\frac{X - np}{\sqrt{np(1-p)}}\right| \leqslant \frac{0.01n}{\sqrt{np(1-p)}}\right\} \\
&\approx 1 - \left[2\Phi\left(0.01\sqrt{\frac{n}{p(1-p)}}\right) - 1\right] \\
&= 2 - 2\Phi(2.18) = 0.029\,2.
\end{aligned}
$$

例 4 试利用(1)切比雪夫不等式,(2)中心极限定理,分别确定至少要投掷一枚均匀硬币多少次,才能使得出现"正面向上"的频率在 0.4 到 0.6 之间的概率不小于 0.9.

解 用 X 表示投掷一枚硬币 n 次得到的"正面向上"的次数,则 X 服从二项分布,即 $X \sim B(n, 0.5)$,因此,$EX = np = 0.5n$,$DX = np(1-p) = 0.25n$.

(1) 用切比雪夫不等式,有

$$
\begin{aligned}
P\left\{0.4 < \frac{X}{n} < 0.6\right\} &= P\{0.4n < X < 0.6n\} \\
&= P\{-0.1n < X - 0.5n < 0.1n\} = P\{|\,X - 0.5n\,| < 0.1n\} \\
&\geqslant 1 - \frac{DX}{(0.1n)^2} = 1 - \frac{0.25n}{0.01n^2} = 1 - \frac{25}{n} \geqslant 0.9.
\end{aligned}
$$

由此得 $\frac{25}{n} \leqslant 0.1$, 即 $n \geqslant 250$.

(2)用中心极限定理,有

$$P\left\{0.4 < \frac{X}{n} < 0.6\right\} = P\{0.4n < X < 0.6n\}$$

$$= \Phi\left(\frac{0.6n - 0.5n}{\sqrt{0.25n}}\right) - \Phi\left(\frac{0.4n - 0.5n}{\sqrt{0.25n}}\right)$$

$$= \Phi(0.2\sqrt{n}) - \Phi(-0.2\sqrt{n}) = 2\Phi(0.2\sqrt{n}) - 1 \geqslant 0.9.$$

由此得 $\Phi(0.2\sqrt{n}) \geqslant 0.95$, 查表得 $0.2\sqrt{n} \geqslant 1.645$, 即 $n \geqslant 67.65$, 因此, 取 $n = 68$.
由本题可知, 用切比雪夫不等式来估算概率是很粗略的.

例 5 设备零件的重量都是随机变量, 它们相互独立, 且服从相同的分布, 其数学期望为 0.5 kg, 均方差为 0.1 kg, 问 5 000 只零件的总重量超过 2 510 kg 的概率是多少?

解 设各个零件的重量是随机变量, 记为 $X_i (i=1,2,\cdots,5\,000)$.

$EX_i = 0.5, DX_i = 0.1^2 = 0.01$.

又设 $X = \sum\limits_{i=1}^{5\,000} X_i$, 则 $EX = 2\,500, DX = 50$, 由独立同分布的中心极限定理知, $\frac{X - 2\,500}{\sqrt{50}}$ 近似服从 $N(0,1)$.

于是

$$P\{X > 2\,510\} = P\left\{\frac{X - 2\,500}{\sqrt{50}} > \frac{2\,510 - 2\,500}{\sqrt{50}}\right\}$$

$$= P\left\{\frac{X - 2\,500}{\sqrt{50}} > 1.414\right\} = 1 - P\left\{\frac{X - 2\,500}{\sqrt{50}} \leqslant 1.414\right\}$$

$$= 1 - \Phi(1.414) \approx 1 - 0.921\,3 = 0.078\,7.$$

例 6 有一批建筑房屋用的木柱其中 80% 的长度不小于 3 m, 现从这批木柱中随机地取出 100 根, 问其中至少有 30 根短于 3 m 的概率是多少?

解 取出的 100 根中至少有 30 根短于 3 m, 相当于取出的 100 根中, 至多有 70 根不小于 3 m, 用 X 表示取出的 100 根中不小于 3 m 的根数, 则 $X \sim B(100, 0.8)$, 由棣莫弗—拉普拉斯中心极限定理知, $\frac{X - np}{\sqrt{np(1-p)}}$ 近似服从 $N(0,1)$, 因此

$$P\{X < 70\} = P\left\{\frac{X - 100 \times 0.8}{\sqrt{100 \times 0.8 \times 0.2}} < \frac{70 - 100 \times 0.8}{\sqrt{100 \times 0.8 \times 0.2}}\right\}$$

$$\approx 1 - \Phi(2.5) = 0.006\,2.$$

例7　某学校有 1 000 名住校生,每人以 80% 的概率去图书馆自习,问:图书馆应至少设多少个座位,才能以 99% 的概率保证去上自习的同学都有座位?

解　设 X 表示同时去图书馆上自习的人数,图书馆至少应设 n 个座位,才能以 99% 的概率保证去上自习的同学都有座位,即 n 应满足

$$P\{X \leqslant n\} \geqslant 0.99.$$

由于 $X \sim B(1\,000, 0.8)$,$EX = 800$,$DX = 160$,由棣莫弗—拉普拉斯定理得

$$P\{X \leqslant n\} = P\left\{\frac{X-800}{\sqrt{160}} \leqslant \frac{n-800}{\sqrt{160}}\right\} \approx \Phi\left(\frac{n-800}{12.65}\right) \geqslant 0.99.$$

查表得 $\Phi(2.33) = 0.99$,从而,$\dfrac{n-800}{12.65} \geqslant 2.33$ 即 $n \geqslant 829.5$,因此图书馆至少应设 830 个座位.

例8　某本书共 200 页,假设每页上印刷错误的数目服从参数为 2 的泊松分布,计算全书超过 350 个印刷错误的概率.

解　设 X_i 表示第 i 页上的印刷错误数目,则 $EX_i = 2$,$DX_i = 2(i = 1, 2, \cdots, 200)$,可认为各页上的印刷错误数是相互独立的,记 $X = X_1 + X_2 + \cdots + X_{200}$,则 $EX = 400$,$DX = 400$,由独立同分布的中心极限定理可得

$$P\{X > 350\} = 1 - P\{X \leqslant 350\}$$

$$\approx 1 - \Phi\left(\frac{350-400}{20}\right) = 1 - \Phi(-2.5) = 0.993\,8.$$

例9　一公寓有 200 户住户,每户住户拥有汽车辆数 X 的分布律为

X	0	1	2
P	0.1	0.6	0.3

问需要多少车位,才能使每辆汽车都具有一个车位的概率至少为 0.95.

解　设需要车位数为 n,第 i 户拥有车辆数为 $X_i(i = 1, 2, \cdots, 200)$,则由 X_i 的分布律可知,$EX_i = 1.2$,$EX_i^2 = 1.8$,$DX_i = EX_i^2 - (EX_i)^2 = 0.36$,由中心极限定理知,

$$\sum_{i=1}^{200} X_i \sim N(200 \times 1.2, 200 \times 0.36).$$

要求 n 满足 $P\left\{\sum\limits_{i=1}^{200} X_i \leqslant n\right\} \geqslant 0.95$,

即　　$P\left\{\dfrac{\sum\limits_{i=1}^{200} X_i - 240}{\sqrt{72}} \leqslant \dfrac{n-240}{\sqrt{72}}\right\} \geqslant 0.95$

即　$\Phi\left(\dfrac{n-240}{\sqrt{72}}\right) \geqslant 0.95.$

由标准正态分布表得 $\Phi(1.645)=0.95$，从而 $\dfrac{n-240}{\sqrt{72}} \geqslant 1.645$，解得

$$n \geqslant 240+1.645\sqrt{72}=253.96.$$

因此至少需要 254 个车位.

§5.3　练习题

1. 一个复杂的系统由 100 个相互独立起作用的部件组成，在整个运行期间，每个部件损坏的概率为 0.1，为了使整个系统起作用，至少需要 85 个部件工作，求整个系统工作的概率近似值.

2. 有 100 道单选题，每道题有 4 个备选答案，且其中只有 1 个是正确的，规定选正确得 1 分，选错误得 0 分. 假设某个人什么题都不会做，每做一题都是从 4 个备选答案中随机选答，并且没有不选的情况，求他能够超过 35 分的概率.

3. 某机器生产的产品中有 20% 的二等品，现从中随机的独立抽取 n 件产品，问 n 多大时，才能使二等品出现的比率（即二等品数 X 与 n 之比）在 0.18 到 0.22 之间的概率为 0.95.

4. 据以往经验，某种电器元件的寿命服从均值为 100 h 的指数分布，现随机地取 16 只，设它们的寿命是相互独立的，求这 16 只元件的寿命的总和大于 1 920 h 的概率.

5. 独立地掷 10 颗骰子，求掷出的点数之和在 30 到 40 点之间的概率.

6. 某宿舍有学生 500 人，每人在傍晚大约有 10% 的时间要占用一个水龙头，设各人用水情况是相互独立的，问该宿舍需装多少个水龙头，才能以 95% 以上的概率保证用水需要.

7. 一工人修理一台机器需两个阶段. 第一阶段所需时间（单位：h）服从均值为 0.2 的指数分布，第二阶段服从均值为 0.3 的指数分布，且与第一阶段独立. 现有 20 台机器需要修理，求他在 8 h 内完成的概率.

8. 计算器在进行加法时，将每个加数舍入最靠近它的整数. 设所有舍入误差是独立的且在 $(-0.5, 0.5)$ 上服从均匀分布.（1）若将 1 500 个数相加，求误差总和的绝对值超过 15 的概率是多少？（2）最多可有几个数相加使得误差总和的绝对值小于 10 的概率不小于 0.90？

9. 一食品店有三种蛋糕出售，由于售出哪一种蛋糕是随机的，因而售出一只蛋糕的价格（单位：元）是一个随机变量，它取 1，1.2，1.5 时的概率分别为 0.3，0.2，0.5. 现若售

出 300 只蛋糕. (1) 求收入至少 400 元的概率；(2) 求售出价格为 1.2 元的蛋糕多于 60 只的概率.

10. 随机地选取两组学生，每组 80 人，分别在两个实验室里测量某种化合物的 pH 值. 各人测量的结果是随机变量，它们相互独立，且服从同一分布，其数学期望为 5，方差为 0.3，以 $\bar{X}$，$\bar{Y}$ 分别表示第一组和第二组所得结果的算术平均.

(1) 求 $P\{4.9 < \bar{X} < 5.1\}$；(2) 求 $P\{-0.1 < \bar{X} - \bar{Y} < 0.1\}$.

第六章　抽样分布

§6.1　内容提要

一、总体与样本

1. 总体

研究对象的全体称为总体,组成总体的每个元素称为个体.总体是一个随机变量,而所取得的每个值就是一个个体.

2. 样本

从总体中随机抽取的 n 个个体 $X_1, X_2, \cdots, X_n$ 称为容量为 n 的样本.若 $X_1, X_2, \cdots, X_n$ 相互独立且其中的每个都与总体具有相同的分布,则称 $X_1, X_2, \cdots, X_n$ 为简单随机样本.通常指的都是简单随机样本.

二、统计量与统计三大分布

1. 统计量

统计量是样本的函数 $g(X_1, X_2, \cdots, X_n)$,且不含任何未知参数.

2. 常用的统计量

样本均值 $\overline{X} = \dfrac{1}{n} \sum\limits_{i=1}^{n} X_i$;

样本方差 $S^2 = \dfrac{1}{n-1} \sum\limits_{i=1}^{n} (X_i - \overline{X})^2$;

样本标准差 $S = \sqrt{\dfrac{1}{n-1} \sum\limits_{i=1}^{n} (X_i - \overline{X})^2}$;

样本 k 阶原点矩 $A_k = \dfrac{1}{n} \sum\limits_{i=1}^{n} X_i^k (k = 1, 2, \cdots)$;

样本 k 阶中心矩 $B_k = \dfrac{1}{n} \sum\limits_{i=1}^{n} (X_i - \overline{X})^k (k = 2, 3, \cdots)$.

顺序统计量　把样本 $X_1, X_2, \cdots, X_n$ 按从小到大的顺序排成 $X_{(1)}, X_{(2)}, \cdots, X_{(n)}$,称

$X_{(1)} = \min\{X_1, X_2, \cdots, X_n\}$ 为最小顺序统计量,称 $X_{(n)} = \max\{X_1, X_2, \cdots, X_n\}$ 为最大顺序统计量,$X_{(k)}$ 为第 k 位顺序统计量.

3. 统计三大分布

(1) χ^2 分布

①定义:设 $X_1, X_2, \cdots, X_n$ 相互独立且均服从标准正态分布 $N(0,1)$,则 $\chi^2 = X_1^2 + X_2^2 + \cdots + X_n^2 \sim \chi^2(n)$.

②期望与方差:若 $\chi^2 \sim \chi^2(n)$,则 $E(\chi^2) = n, D(\chi^2) = 2n$.

③可加性:若 $\chi_1^2 \sim \chi^2(n_1), \chi_2^2 \sim \chi^2(n_2)$,且 χ_1^2 与 χ_2^2 相互独立,则 $\chi_1^2 + \chi_2^2 \sim \chi^2(n_1 + n_2)$.

④分位数:设 $\chi^2 \sim \chi^2(n)$,对于给定的 $\alpha(0 < \alpha < 1)$,称满足条件 $P\{\chi^2 > \chi_\alpha^2(n)\} = \alpha$ 的数 $\chi_\alpha^2(n)$ 为 $\chi^2(n)$ 分布的上 α 分位数.

(2) t 分布

①定义:设 $X \sim N(0,1), Y \sim \chi^2(n)$,且 X 与 Y 相互独立,则 $T = \dfrac{X}{\sqrt{Y/n}} \sim t(n)$.

②期望与方差:若 $T \sim t(n)$,则 $E(T) = 0$, $D(T) = \dfrac{n}{n-2}(n > 2)$.

③分位数:设 $t \sim t(n)$,对于给定的 $\alpha(0 < \alpha < 1)$,称满足条件 $P\{t > t_\alpha(n)\} = \alpha$ 的数 $t_\alpha(n)$ 为 $t(n)$ 分布的上 α 分位数. $t_{1-\alpha}(n) = -t_\alpha(n)$.

(3) F 分布

①定义:设 $X \sim \chi^2(n_1), Y \sim \chi^2(n_2)$,且 X 与 Y 相互独立,则 $F = \dfrac{X/n_1}{Y/n_2} \sim F(n_1, n_2)$.

②分位数:设 $F \sim F(n_1, n_2)$,对于给定的 $\alpha(0 < \alpha < 1)$,称满足条件 $P\{F > F_\alpha(n_1, n_2)\} = \alpha$ 的数 $F_\alpha(n_1, n_2)$ 为 $F(n_1, n_2)$ 分布的上 α 分位数. $F_\alpha(n_1, n_2) = \dfrac{1}{F_{1-\alpha}(n_2, n_1)}$.

三、正态总体的抽样分布

1. 一个正态总体的抽样分布

设总体 $X \sim N(\mu, \sigma^2), X_1, X_2, \cdots, X_n$ 是 X 的样本,$\overline{X}$ 和 S^2 分别是样本均值和样本方差,则:

(1) $\overline{X} \sim N\left(\mu, \dfrac{\sigma^2}{n}\right)$,从而 $U = \dfrac{\overline{X} - \mu}{\sigma/\sqrt{n}} \sim N(0,1)$;

(2) $\overline{X}$ 与 S^2 相互独立;

(3) $\dfrac{(n-1)S^2}{\sigma^2} \sim \chi^2(n-1)$;

(4) $\dfrac{\overline{X} - \mu}{S/\sqrt{n}} \sim t(n-1)$.

2. 两个正态总体的抽样分布

设 $X \sim N(\mu_1, \sigma_1^2), Y \sim N(\mu_2, \sigma_2^2)$ 是两个相互独立的正态总体，$X_1, X_2, \cdots, X_{n_1}$ 是 X 的样本，$Y_1, Y_2, \cdots, Y_{n_2}$ 是 Y 的样本，$\overline{X}$ 和 S_1^2 分别是 X 的样本均值和样本方差，$\overline{Y}$ 和 S_2^2 分别是 Y 的样本均值和样本方差，则：

(1) $\overline{X} - \overline{Y} \sim N\left(\mu_1 - \mu_2, \dfrac{\sigma_1^2}{n_1} + \dfrac{\sigma_2^2}{n_2}\right)$，从而 $U = \dfrac{(\overline{X} - \overline{Y}) - (\mu_1 - \mu_2)}{\sqrt{\dfrac{\sigma_1^2}{n_1} + \dfrac{\sigma_2^2}{n_2}}} \sim N(0,1)$；

(2) 当 $\sigma_1^2 = \sigma_2^2 = \sigma^2$ 时，$T = \dfrac{(\overline{X} - \overline{Y}) - (\mu_1 - \mu_2)}{S_W\sqrt{\dfrac{1}{n_1} + \dfrac{1}{n_2}}} \sim t(n_1 + n_2 - 2)$，

其中 $S_W^2 = \dfrac{(n_1 - 1)S_1^2 + (n_2 - 1)S_2^2}{n_1 + n_2 - 2}$ 称为联合样本方差；

(3) $F = \dfrac{S_1^2/S_2^2}{\sigma_1^2/\sigma_2^2} \sim F(n_1 - 1, n_2 - 1)$.

§6.2 例题解析

例 1 设总体 $X \sim N(\mu, \sigma^2)$，其中参数 σ^2 已知，从 X 中抽取样本 $X_1, X_2, \cdots, X_n, \overline{X}$ 是样本均值，问下列随机变量中，哪些不是统计量，哪些是统计量？

$$\sum_{i=1}^{n} X_i^2; \quad \frac{1}{n}\sum_{i=1}^{n}(X_i - EX)^2; \quad \frac{1}{n}\sum_{i=1}^{n}(X_i - \overline{X})^2; \quad \frac{1}{\sigma^2}\sum_{i=1}^{n}(X_i - \overline{X})^2; X_n^* - X_1^*.$$

解 样本的函数是不是统计量，取决于其是否包含总体的未知参数.

给出的随机变量中，只有 $\dfrac{1}{n}\sum\limits_{i=1}^{n}(X_i - EX)^2$，包含了总体的未知参数 EX，所以不是统计量，其余各随机变量均是统计量.

事实上，$\sum\limits_{i=1}^{n} X_i^2$ 是样本的平方和；$\dfrac{1}{n}\sum\limits_{i=1}^{n}(X_i - \overline{X})^2$ 是样本的二阶中心矩；$\dfrac{1}{\sigma^2}\sum\limits_{i=1}^{n}(X_i - \overline{X})^2 = \dfrac{1}{\sigma^2}(n-1)S^2$，其中 S^2 为样本方差，σ^2 为总体方差是已知参数；$X_n^* - X_1^*$ 是样本的最大值与最小值之差.

例 2 设 $X_1, X_2, \cdots, X_n$ 是来自于正态总体 $N(\mu, \sigma^2)$ 的简单随机样本，$\overline{X}$ 为样本方差，记

$$S_1^2 = \frac{1}{n-1}\sum_{i=1}^{n}(X_i - \overline{X})^2, \quad S_2^2 = \frac{1}{n}\sum_{i=1}^{n}(X_i - \overline{X})^2,$$

$$S_3^2 = \frac{1}{n-1} \sum_{i=1}^n (X_i - \mu)^2, \quad S_4^2 = \frac{1}{n} \sum_{i=1}^n (X_i - \mu)^2.$$

则服从自由度为 $n-1$ 的 t 分布的随机变量是（   ）.

(A) $t = \dfrac{\overline{X} - \mu}{S_1 / \sqrt{n-1}}$ (B) $t = \dfrac{\overline{X} - \mu}{S_2 / \sqrt{n-1}}$

(C) $t = \dfrac{\overline{X} - \mu}{S_3 / \sqrt{n-1}}$ (D) $t = \dfrac{\overline{X} - \mu}{S_4 / \sqrt{n-1}}$

解 选（B）.

$\overline{X} \sim N(\mu, \frac{\sigma^2}{n})$，$\frac{1}{\sigma^2} \sum_{i=1}^n (X_i - \overline{X})^2 \sim \chi^2(n-1)$，再由 t 分布的定义知，本题应选（B）.

注 取自正态总体 $N(\mu, \sigma^2)$ 的两个样本的函数 $\frac{1}{\sigma^2} \sum_{i=1}^n (X_i - \mu)^2$ 与 $\frac{1}{\sigma^2} \sum_{i=1}^n (X_i - \overline{X})^2$ 分别服从自由度为 n 与 $n-1$ 的 χ^2 分布.

例 3 设总体 $X \sim N(0, \sigma^2)$，$X_1, X_2, \cdots, X_n$ 为来自总体的样本，$\overline{X} = \frac{1}{n} \sum_{i=1}^n X_i$，$S_n^2 = \frac{1}{n} \sum_{i=1}^n (X_i - \overline{X})^2$，在下列样本函数中，服从 $\chi^2(n)$ 分布的是（   ）.

(A) $\dfrac{\overline{X} \sqrt{n}}{\sigma}$ (B) $\dfrac{1}{\sigma^2} \sum_{i=1}^n X_i^2$ (C) $\dfrac{n S_n^2}{\sigma^2}$ (D) $\dfrac{\overline{X} \sqrt{n-1}}{S_n}$

解 选（B）.

（A）因 $X \sim N(0, \sigma^2)$，由正态总体的抽样分布知，$\overline{X} \sim N\left(0, \frac{\sigma^2}{n}\right)$，所以 $U = \dfrac{\overline{X}}{\sqrt{\sigma^2/n}}$

$= \dfrac{\overline{X} \sqrt{n}}{\sigma} \sim N(0, 1)$；

（B）因 $X_i \sim N(0, \sigma^2)$，故 $\dfrac{X_i}{\sigma} \sim N(0, 1)$，$i = 1, 2, \cdots, n$，由 χ^2 分布的定义，

$$\frac{1}{\sigma^2} \sum_{i=1}^n X_i^2 = \sum_{i=1}^n \left(\frac{X_i}{\sigma}\right)^2 \sim \chi^2(n)；$$

（C）因 $n S_n^2 = \sum_{i=1}^n (X_i - \overline{X})^2 = (n-1) S^2$，由正态总体的抽样分布知，

$$\frac{n S_n^2}{\sigma^2} = \frac{\sum_{i=1}^n (X_i - \overline{X})^2}{\sigma^2} = \frac{(n-1) S^2}{\sigma^2} \sim \chi^2(n-1)；$$

（D）因 $\dfrac{S_n^2}{n-1} = \dfrac{1}{n(n-1)} \sum_{i=1}^n (X_i - \overline{X})^2 = \dfrac{S^2}{n}$，由正态总体的抽样分布知，

$$T = \frac{\overline{X} - \mu}{S / \sqrt{n}} = \frac{\overline{X}}{S_n / \sqrt{n-1}} = \frac{\overline{X} \sqrt{n-1}}{S_n} \sim t(n-1).$$

例 4 设总体 X 和 Y 相互独立,且都服从正态分布 $N(0,3^2)$,而 $X_1, X_2, \cdots, X_9$ 和 Y_1,$Y_2, \cdots, Y_9$ 分别是来自 X 和 Y 的样本,求统计量 $V = \dfrac{X_1 + \cdots + X_9}{\sqrt{Y_1^2 + \cdots + Y_9^2}}$ 所服从的分布,并指明参数.

解 由于 $X_1, X_2, \cdots, X_9$ 相互独立,且都服从 $N(0,3^2)$,

故 $X_1 + \cdots + X_9 \sim N(0,81)$,标准化有 $\dfrac{X_1 + \cdots + X_9}{9} \sim N(0,1)$.

由于 $Y_1, Y_2, \cdots, Y_9$ 相互独立,且都服从 $N(0,3^2)$,

故标准化有 $\dfrac{Y_i}{3} \sim N(0,1)$, $i = 1, \cdots, 9$.

由 χ^2 分布的定义,$\left(\dfrac{Y_1}{3}\right)^2 + \cdots + \left(\dfrac{Y_9}{3}\right)^2 = \dfrac{Y_1^2 + \cdots + Y_9^2}{9} \sim \chi^2(9)$.

又因为 $\dfrac{X_1 + \cdots + X_9}{9}$ 与 $\dfrac{Y_1^2 + \cdots + Y_9^2}{9}$ 相互独立,由 t 分布的定义知,

$$V = \frac{X_1 + \cdots + X_9}{\sqrt{Y_1^2 + \cdots + Y_9^2}} = \frac{\dfrac{X_1 + \cdots + X_9}{9}}{\sqrt{\dfrac{Y_1^2 + \cdots + Y_9^2}{9 \cdot 9}}} \sim t(9).$$

例 5 若随机变量 $T \sim t(n)$,问 $\dfrac{1}{T^2}$ 服从什么分布?

解 因为 $T \sim t(n)$,可认为 $T = \dfrac{U}{\sqrt{V/n}}$,其中 $U \sim N(0,1)$,$V \sim \chi^2(n)$,且 U 与 V 相互独立,于是 $\dfrac{1}{T^2} = \dfrac{V/n}{U^2}$,这里 $U^2 \sim \chi^2(1)$,且两个 χ^2 变量 U^2 与 V 相互独立.

由 F 分布的定义,$\dfrac{1}{T^2} = \dfrac{V/n}{U^2/1} \sim F(n,1)$,即 $\dfrac{1}{T^2}$ 服从自由度为 $(n,1)$ 的 F 分布.

例 6 设总体 $X \sim N(40,5^2)$,从中抽取容量 $n = 64$ 的样本,求概率 $P\{|\overline{X} - 40| < 1\}$ 的值.

解 因 $X \sim N(40,5^2)$,故 $\overline{X} \sim N\left(40, \dfrac{5^2}{64}\right)$,标准化有 $\dfrac{\overline{X} - 40}{5/8} \sim N(0,1)$.

所以 $P\{|\overline{X} - 40| < 1\} = P\left\{\dfrac{-1}{5/8} < \dfrac{\overline{X} - 40}{5/8} < \dfrac{1}{5/8}\right\} = 2\Phi(1.6) - 1 = 0.890\ 4.$

例 7 设总体 $X \sim N(12,2^2)$,抽取容量为 5 的样本 $X_1, X_2, \cdots, X_5$,求:(1)样本的最小次序统计量小于 10 的概率;(2)最大次序统计量大于 15 的概率.

解 (1) $P\{X_{(1)} < 10\} = 1 - P\{X_{(1)} \geqslant 10\}$

$$= 1 - P\{X_1 \geqslant 10, X_2 \geqslant 10, \cdots, X_5 \geqslant 10\}$$

$$= 1 - P\{X_1 \geqslant 10\}P\{X_2 \geqslant 10\} \cdots P\{X_5 \geqslant 10\}$$

$$= 1 - [P\{X \geqslant 10\}]^5 = 1 - \left[P\left\{\frac{X-12}{2} \geqslant \frac{10-12}{2}\right\}\right]^5$$

$$= 1 - [1 - \Phi(-1)]^5 = 1 - [\Phi(1)]^5$$

$$= 1 - (0.841\ 3)^5 \approx 0.578\ 5.$$

(2) $P\{X_{(5)} > 15\} = 1 - P\{X_{(5)} \leqslant 15\}$

$$= 1 - P\{X_1 \leqslant 15, X_2 \leqslant 15, \cdots, X_5 \leqslant 15\}$$

$$= 1 - P\{X_1 \leqslant 15\}P\{X_2 \leqslant 15\} \cdots P\{X_5 \leqslant 15\}$$

$$= 1 - [P\{X \leqslant 15\}]^5 = 1 - \left[P\left\{\frac{X-12}{2} \leqslant \frac{15-12}{2}\right\}\right]^5$$

$$= 1 - [\Phi(1.5)]^5 = 1 - (0.933\ 2)^5 \approx 0.292\ 3.$$

例 8 设总体 $X \sim N(\mu, 25)$，从中随机抽取一个容量为 10 的样本。(1)求样本均值与总体均值之差在 $(-1, 2)$ 内的概率；(2)已知样本方差大于 c 的概率为 0.95，求 c 的值.

解 以 $\overline{X}, S^2$ 分别表示该正态总体的样本均值和样本方差.

(1)因为 $\overline{X} \sim N(\mu, \frac{25}{10})$，从而 $U = \dfrac{\overline{X} - \mu}{\sqrt{2.5}} \sim N(0, 1)$，所以

$$P\{-1 < \overline{X} - \mu < 2\} = P\left\{\frac{-1}{\sqrt{2.5}} < \frac{\overline{X} - \mu}{\sqrt{2.5}} < \frac{2}{\sqrt{2.5}}\right\}$$

$$= \varphi(1.265) - \varphi(-0.632) = 0.632.$$

(2)因为 $\dfrac{(n-1)S^2}{\sigma^2} = \dfrac{9S^2}{25} \sim \chi^2(9)$，所以 $P\{S^2 > c\} = P\left\{\dfrac{9}{25}S^2 > \dfrac{9}{25}c\right\} = 0.95$.

由 χ^2 分布的上侧临界值的定义可知，$\dfrac{9}{25}c = \chi^2_{0.95}(9)$，故 $c = \dfrac{25}{9}\chi^2_{0.95}(9) = 9.236$.

§6.3 练习题

一、单项选择题

1. 设 $X_1, X_2, \cdots, X_n$ 是来自 X 的样本，总体方差 σ^2 已知，$\overline{X}$ 和 S^2 分别是样本均值和样本方差，则下列各式中，( ) 是统计量.

(A) $\displaystyle\sum_{i=1}^{n}(X_i - EX)^2$ 　　　　　　　(B) $\dfrac{1}{\sigma^2}(n-1)S^2$

(C) $\overline{X} - EX_i$ 　　　　　　　(D) $nX^2 + 1$

2. 设总体 $X \sim N(\mu, \sigma^2)$，其中 μ 已知，σ^2 未知，$X_1, X_2, \cdots, X_n$ 是来自 X 的样本，判断下列样本的函数中，(　　) 是统计量.

(A) $X_1 + X_2 + \sigma$

(B) $\sum_{i=1}^{n} (X_i - \mu)^2 / \sigma^2$

(C) $\min(X_1, X_2, \cdots, X_n)$

(D) $\sum_{i=1}^{n} X_i^2 / \sigma^2$

3. 设 $X_1, X_2, \cdots, X_n$ 是来自正态总体 $X \sim N(0, \sigma^2)$ 的样本，$\overline{X}$ 和 S^2 分别是样本均值和样本方差，则(　　).

(A) $\dfrac{\overline{X}^2}{\sigma^2} \sim \chi^2(1)$

(B) $\dfrac{S^2}{\sigma^2} \sim \chi^2(n-1)$

(C) $\dfrac{\overline{X}}{S} \sim t(n-1)$

(D) $\dfrac{S^2}{n\overline{X}^2} \sim F(n-1, 1)$

4. 设总体 $X \sim N(\mu, \sigma^2)$，$X_1, X_2, \cdots, X_n$ 是 X 的样本，$\overline{X}$ 和 S^2 分别是样本均值和样本方差，则下列式子中不正确的是(　　).

(A) $\dfrac{\sum_{i=1}^{n} (X_i - \overline{X})^2}{\sigma^2} \sim \chi^2(n-1)$

(B) $\dfrac{\overline{X} - \mu}{\sigma} \sim N(0, 1)$

(C) $\dfrac{\overline{X} - \mu}{S / \sqrt{n}} \sim t(n-1)$

(D) $\dfrac{\sum_{i=1}^{n} (X_i - \mu)^2}{\sigma^2} \sim \chi^2(n)$

5. 设 $X_1, X_2, \cdots, X_{16}$ 是来自正态总体 $X \sim N(2, \sigma^2)$ 的样本，$\overline{X}$ 是样本均值，则 $\dfrac{4\overline{X} - 8}{\sigma} \sim$ (　　).

(A) $t(15)$　　　　　(B) $t(16)$　　　　　(C) $\chi^2(15)$　　　　　(D) $N(0, 1)$

6. 设总体 $X \sim N(0, \sigma^2)$，$X_1, X_2, \cdots, X_n$ 为样本，$\overline{X} = \dfrac{1}{n} \sum_{i=1}^{n} X_i$，$S_n^2 = \dfrac{1}{n} \sum_{i=1}^{n} (X_i - \overline{X})^2$，在下列样本函数中，服从 $\chi^2(n-1)$ 分布的是(　　).

(A) $\dfrac{\overline{X} \sqrt{n}}{\sigma}$　　(B) $\dfrac{1}{\sigma^2} \sum_{i=1}^{n} X_i^2$　　(C) $\dfrac{n S_n^2}{\sigma^2}$　　(D) $\dfrac{\overline{X} \sqrt{n-1}}{S_n}$

二、填空题

1. 已知某种能力测试的得分服从正态分布 $N(\mu, \sigma^2)$，随机取 10 个人参与这一测试，则他们得分的平均值小于 μ 的概率为 _____.

2. 设随机变量 $X \sim t(n)$，则 $P\{|X| < t_a(n)\} =$ _____.

3. 设随机变量 X 和 Y 相互独立，且 $X \sim N(0, 4)$，$Y \sim N(1, 9)$，当 C 为 _____ 时，$\dfrac{CX^2}{(Y-1)^2}$ 服从 F 分布，参数为 _____.

三、计算题

1. 今测得一组数据为 $12.06, 12.44, 15.91, 8.15, 8.75, 12.50, 13.42, 15.78, 17.23$, 试计算样本均值、样本方差及顺序统计量 $X_{(1)}, X_{(9)}$.

2. 设总体 $X \sim N(\mu, \sigma^2)$, $X_1, X_2, \cdots, X_n (n = 16)$ 是来自 X 的样本, 求概率:

(1) $P\left\{ \dfrac{\sigma^2}{2} \leqslant \dfrac{1}{n} \sum\limits_{i=1}^{n} (X_i - \mu)^2 \leqslant 2\sigma^2 \right\}$;   (2) $P\left\{ \dfrac{\sigma^2}{2} \leqslant \dfrac{1}{n} \sum\limits_{i=1}^{n} (X_i - \overline{X})^2 \leqslant 2\sigma^2 \right\}$.

3. 设总体 $X \sim N(\mu, 4)$, 若要以 95% 的概率保证样本均值 $\overline{X}$ 与总体期望 μ 的偏差小于 0.1, 问样本容量 n 应取多大?

4. 设某厂生产的灯泡的使用寿命 $X \sim N(1\,000, \sigma^2)$ (单位: h). 今抽取一容量为 9 的样本, 得到 $\overline{x} = 940$, $s = 100$, 试求 $P\{\overline{X} < 940\}$.

5. 设 $(X_1, X_2, \cdots, X_6)$ 是来自正态总体 $X \sim N(0, \sigma^2)$ 的一个样本, 求统计量 $Y = \dfrac{X_1 + X_3 + X_5}{\sqrt{X_2^2 + X_4^2 + X_6^2}}$ 的分布.

6. 设 $(X_1, X_2, \cdots, X_{2n})$ 是来自正态总体 $X \sim N(0, \sigma^2)$ 的一个样本, 试求下列统计量的分布:

(1) $Y_1 = \dfrac{X_1 + X_3 + \cdots + X_{2n-1}}{\sqrt{X_2^2 + X_4^2 + \cdots + X_{2n}^2}}$;   (2) $Y_2 = \dfrac{X_1^2 + X_3^2 + \cdots + X_{2n-1}^2}{X_2^2 + X_4^2 + \cdots + X_{2n}^2}$.

7. 设 $(X_1, X_2, \cdots, X_n)$ 是来自正态总体 $X \sim N(\mu, \sigma^2)$ 的样本, 其样本均值和样本方差分别为 $\overline{X}, S^2$, X_{n+1} 是对 X 的又一次独立观测值, 求统计量

$$Z = \frac{X_{n+1} - \overline{X}}{S} \sqrt{\frac{n}{n+1}}$$

的概率分布.

8. 设 $X_1, X_2, \cdots, X_5$ 是来自总体 $N(0,1)$ 的样本, 又设 $Y = a(X_1 + X_2)^2 + b(X_3 + X_4 + X_5)^2$, 求 a, b 的值, 使 Y 服从 χ^2 分布.

9. 设 $X \sim N(\mu_1, \sigma_1^2)$, $Y \sim N(\mu_2, \sigma_2^2)$, X 和 Y 相互独立, $X_1, X_2, \cdots, X_m$ 是 X 的样本, $Y_1, Y_2, \cdots, Y_n$ 是 Y 的样本, 问 $\dfrac{1}{\sigma_1^2} \sum\limits_{i=1}^{m} (X_i - \overline{X})^2 + \dfrac{1}{\sigma_2^2} \sum\limits_{j=1}^{n} (Y_j - \overline{Y})^2$ 服从什么分布?

10. 从总体 $X \sim N(40, 5^2)$ 中抽取容量为 n 的样本, 要使样本均值位于区间 $(39, 41)$ 的概率不小于 0.95, 问样本容量 n 至少应取多大?

11. 设总体 $X \sim N(0, 4)$, $X_1, X_2, \cdots, X_{10}$ 是样本, 求:

(1) $P\left\{ \sum\limits_{i=1}^{10} X_i^2 \leqslant 13 \right\}$;   (2) $P\left\{ 13.3 \leqslant \sum\limits_{i=1}^{10} (X_i - \overline{X})^2 \leqslant 76 \right\}$.

第七章　参数估计

§7.1　内容提要

一、点估计

1. 点估计定义

设总体 X 的分布函数为 $F(x;\theta)$，θ 是一个未知参数或多个未知参数构成的向量，θ 的可能取值范围记为 Θ. $X_1, X_2, \cdots, X_n$ 是来自总体 X 的一个样本，$x_1, x_2, \cdots, x_n$ 是样本观察值. 选取一个统计量 $\hat{\theta} = \hat{\theta}(X_1, X_2, \cdots, X_n)$，以数值 $\hat{\theta}(x_1, x_2, \cdots, x_n)$ 估计 θ 的真值，则称 $\hat{\theta}(X_1, X_2, \cdots, X_n)$ 是 θ 的估计量，称 $\hat{\theta}(x_1, x_2, \cdots, x_n)$ 是 θ 的估计值.

2. 常用的点估计方法

（1）矩法

求矩估计的具体步骤如下：

①计算总体矩 $E(X^j)$，它们均为参数 $\theta_1, \theta_2, \cdots, \theta_k$ 的函数，记为
$$V_j = E(X^j) = V_j(\theta_1, \theta_2, \cdots, \theta_k), \quad j = 1, 2, \cdots, k.$$

②以样本矩替代总体矩，建立关于 $\theta_1, \theta_2, \cdots, \theta_k$ 的方程组，即
$$\begin{cases} V_1(\theta_1, \theta_2, \cdots, \theta_k) = A_1, \\ V_2(\theta_1, \theta_2, \cdots, \theta_k) = A_2, \\ \qquad\qquad\vdots \\ V_k(\theta_1, \theta_2, \cdots, \theta_k) = A_k. \end{cases}$$

③解出参数 $\theta_1, \theta_2, \cdots, \theta_k$，它们都是样本的函数，记为 $\hat{\theta}_j = \hat{\theta}_j(X_1, X_2, \cdots, X_n)$，$j = 1, 2, \cdots, k$，$\hat{\theta}_j$ 就是参数 θ_j 的矩估计量. 对于一次具体抽样的样本值 $x_1, x_2, \cdots, x_n$，$\hat{\theta}_j(x_1, x_2, \cdots, x_n)$ 是 θ_j 的矩估计值.

注　①常用样本的各阶中心矩作为总体各阶中心矩的估计；②矩估计量不具有唯一性，通常情况下应尽量采用低阶矩给出未知参数的估计；③若总体矩不存在，则矩估计法失效；④总体的均值和方差的矩估计量的表达式不因不同的总体分布而异，实际问题中常用样本均值和样本二阶中心矩来估计总体均值和总体方差，而样本方差并不是总体方

差的矩估计量.

（2）极大似然估计法

以似然函数 $L(\theta)$ 取到最大值时的参数 $\hat{\theta}$ 去估计真值 θ，这种求点估计的方法称为极大似然估计法.

①似然函数

1）离散型总体的情形

设总体 X 的概率分布为
$$P\{X = x\} = p(x;\theta)\ (\theta\ \text{为未知参数}).$$

$X_1, X_2, \cdots, X_n$ 是取自总体 X 的样本，样本观察值为 $x_1, x_2, \cdots, x_n$，记似然函数为
$$L(\theta) = L(x_1, \cdots, x_n; \theta) = \prod_{i=1}^{n} p(x_i; \theta).$$

2）连续型总体的情形

设总体 X 的密度函数为 $f(x;\theta)$，其中 θ 为未知参数，此时定义似然函数
$$L(\theta) = L(x_1, \cdots, x_n; \theta) = \prod_{i=1}^{n} f(x_i; \theta).$$

②定义

对于给定的样本值 $(x_1, x_2, \cdots, x_n)$，若存在 $\hat{\theta} = \hat{\theta}(x_1, x_2, \cdots, x_n)$ 使得
$$L(\hat{\theta}) = \max_{\theta \in \Theta} L(\theta),$$
则称 $\hat{\theta}(x_1, x_2, \cdots, x_n)$ 是未知参数 θ 的极大似然估计值，称 $\hat{\theta}(X_1, X_2, \cdots, X_n)$ 是未知参数 θ 的极大似然估计量.

③求极大似然估计的具体步骤

步骤 1：求似然函数 $L(\theta)$；

步骤 2：求 $\ln L(\theta)$ 及方程 $\dfrac{\mathrm{d}\ln L(\theta)}{\mathrm{d}\theta} = 0$；

步骤 3：解上述方程得到极大似然估计值
$$\hat{\theta} = \hat{\theta}(x_1, x_2, \cdots, x_n).$$

推广　极大似然估计法也适用于总体分布中含多个未知参数 $\theta_1, \theta_2, \cdots, \theta_n$ 的情形，此时似然函数是未知参数 $\theta_1, \theta_2, \cdots, \theta_n$ 的函数，记为 $L(\theta_1, \theta_2, \cdots, \theta_n)$，类似于单个参数 θ 的估计过程，只要令
$$\frac{\partial \ln L(\theta_1, \theta_2, \cdots, \theta_n)}{\partial \theta_i} = 0\ ,\ i = 1, 2, \cdots, n,$$

解出 θ_i 即为 $\hat{\theta}_i$.

二、估计量的评判标准

1. 无偏性

设 $\hat{\theta} = \hat{\theta}(X_1, X_2, \cdots, X_n)$ 是未知参数 θ 的估计量，$\theta \in \Theta$，若

$$E(\hat{\theta}) = \theta, \quad \text{对一切 } \theta \in \Theta,$$

则称 $\hat{\theta} = \hat{\theta}(X_1, X_2, \cdots, X_n)$ 是 θ 的无偏估计量；若

$$\lim_{n \to \infty} E(\hat{\theta}) = \theta, \quad \text{对一切 } \theta \in \Theta,$$

则称 $\hat{\theta} = \hat{\theta}(X_1, X_2, \cdots, X_n)$ 是 θ 的渐进无偏估计量.

不论总体服从何种分布，只要总体的期望值和方差存在，则样本均值与样本方差分别为总体期望值和总体方差的无偏估计. 需要注意的是，一个未知参数不一定有无偏估计，而有时又可能存在多个无偏估计.

2. 有效性及 C-R 不等式

设 $\hat{\theta}_1 = \hat{\theta}_1(X_1, X_2, \cdots, X_n)$ 和 $\hat{\theta}_2 = \hat{\theta}_2(X_1, X_2, \cdots, X_n)$ 是未知参数 θ 的无偏估计量，若

$$D(\hat{\theta}_1) < D(\hat{\theta}_2),$$

则称 $\hat{\theta}_1$ 较 $\hat{\theta}_2$ 有效.

对于 θ 的无偏估计量 $\hat{\theta}$，其方差有下界，即

$$D(\hat{\theta}) \geqslant D_0(\theta) = \frac{1}{nE\left[\dfrac{\partial}{\partial \theta} \ln f(x, \theta)\right]^2} > 0.$$

上式称为 Cramer-Rao 不等式，简称 C-R 不等式，其中 $D_0(\theta)$ 称为方差的下界. 特别地，当 $D(\hat{\theta}) = D_0(\theta)$ 时，也称 $\hat{\theta}$ 为 θ 的有效估计量.

3. 一致性

设 $\hat{\theta}(X_1, X_2, \cdots, X_n)$ 是 θ 的估计量，若对任意给定的正数 ε，有

$$\lim_{n \to \infty} P\{\,|\,\hat{\theta}(X_1, X_2, \cdots, X_n) - \theta\,| \geqslant \varepsilon\} = 0,$$

即当 $n \to \infty$，$\hat{\theta}(X_1, X_2, \cdots, X_n)$ 依概率收敛于 θ，则称 $\hat{\theta}(X_1, X_2, \cdots, X_n)$ 是 θ 的一致（或相合）估计量.

$\overline{X}$ 是 $E(X)$ 的一致估计量，S^2 和 B_2 都是 $D(X)$ 的一致估计量.

三、区间估计

1. 置信区间

设总体 X 的分布函数为 $F(x; \theta)$，θ 是未知参数，$X_1, X_2, \cdots, X_n$ 是来自 X 的样本. α 是给定值（$0 < \alpha < 1$），若两个统计量 $\underline{\theta} = \underline{\theta}(X_1, X_2, \cdots, X_n)$ 和 $\overline{\theta} = \overline{\theta}(X_1, X_2, \cdots, X_n)$ 满足

$$P\{\underline{\theta} < \theta < \overline{\theta}\} = 1 - \alpha,$$

则称随机区间 $(\underline{\theta},\overline{\theta})$ 是 θ 的置信度为 $1-\alpha$ 的置信区间，$1-\alpha$ 称为置信度，$\underline{\theta}$ 和 $\overline{\theta}$ 分别称为置信度为 $1-\alpha$ 的置信下限和置信上限.

求 θ 的置信区间的基本步骤：

步骤 1：选取一个函数

$$Z = Z(X_1,X_2,\cdots,X_n;\theta),$$

它包含待估参数 θ，而不含有其他未知参数，且其分布已知，不依赖于任何未知参数.

步骤 2：对于给定的置信度 $1-\alpha$，定出两个常数 a,b，使得

$$P\{a < Z(X_1,\cdots,X_n;\theta) < b\} = 1-\alpha.$$

由于 Z 的分布确定，常数 a,b 是可利用该分布的分位点来确定.

步骤 3：利用不等式变形，求得未知参数 θ 的置信区间. 对不等式 $a < Z(X_1,X_2,\cdots,X_n;\theta) < b$ 做恒等变形后化为

$$\underline{\theta}(X_1,X_2,\cdots,X_n) < \theta < \overline{\theta}(X_1,X_2,\cdots,X_n),$$

则有

$$P\{\underline{\theta} < \theta < \overline{\theta}\} = 1-\alpha,$$

即 $(\underline{\theta},\overline{\theta})$ 就是 θ 的置信度为 $1-\alpha$ 的置信区间，其中 $\underline{\theta} = \underline{\theta}(X_1,X_2,\cdots,X_n)$，$\overline{\theta} = \overline{\theta}(X_1,X_2,\cdots,X_n)$.

2. 单个正态总体参数的区间估计

（1）σ^2 已知时 μ 的置信度为 $1-\alpha$ 的置信区间为

$$\left(\overline{X} - \frac{\sigma}{\sqrt{n}}z_{\frac{\alpha}{2}}, \overline{X} + \frac{\sigma}{\sqrt{n}}z_{\frac{\alpha}{2}}\right).$$

（2）σ^2 未知时 μ 的置信度为 $1-\alpha$ 的置信区间为

$$\left(\overline{X} - \frac{S}{\sqrt{n}}t_{\frac{\alpha}{2}}(n-1), \overline{X} + \frac{S}{\sqrt{n}}t_{\frac{\alpha}{2}}(n-1)\right).$$

（3）μ 已知时 σ^2 的置信度为 $1-\alpha$ 的置信区间为

$$\left(\frac{\sum\limits_{i=1}^{n}(X_i-\mu)^2}{\chi_{\frac{\alpha}{2}}^2(n)}, \frac{\sum\limits_{i=1}^{n}(X_i-\mu)^2}{\chi_{1-\frac{\alpha}{2}}^2(n)}\right).$$

（4）μ 未知时 σ^2 的置信度为 $1-\alpha$ 的置信区间为

$$\left(\frac{(n-1)S^2}{\chi_{\frac{\alpha}{2}}^2(n-1)}, \frac{(n-1)S^2}{\chi_{1-\frac{\alpha}{2}}^2(n-1)}\right).$$

3. 两个正态总体参数的区间估计

设有两个正态总体 $X \sim N(\mu_1,\sigma_1^2)$ 和 $Y \sim N(\mu_2,\sigma_2^2)$，$X_1,X_2,\cdots,X_{n_1}$ 是总体 X 的样本，$Y_1,Y_2,\cdots,Y_{n_2}$ 是总体 Y 的样本，且两组样本相互独立，其样本均值和样本方差分别为

$$\overline{X} = \frac{1}{n_1}\sum_{i=1}^{n_1} X_i, \ S_1^2 = \frac{1}{n_1-1}\sum_{i=1}^{n_1}(X_i - \overline{X})^2;$$

$$\overline{Y} = \frac{1}{n_2}\sum_{i=1}^{n_2} Y_i, \ S_2^2 = \frac{1}{n_2-1}\sum_{i=1}^{n_2}(Y_i - \overline{Y})^2.$$

（1）σ_1^2 及 σ_2^2 已知时，$\mu_1 - \mu_2$ 的置信度为 $1-\alpha$ 的置信区间为

$$\left(\overline{X} - \overline{Y} - z_{\frac{\alpha}{2}}\sqrt{\frac{\sigma_1^2}{n_1} + \frac{\sigma_2^2}{n_2}}, \overline{X} - \overline{Y} + z_{\frac{\alpha}{2}}\sqrt{\frac{\sigma_1^2}{n_1} + \frac{\sigma_2^2}{n_2}}\right).$$

（2）$\sigma_1^2 = \sigma_2^2 = \sigma^2$ 未知时，$\mu_1 - \mu_2$ 的置信度为 $1-\alpha$ 的置信区间为

$$\left(\overline{X} - \overline{Y} - S_W\sqrt{\frac{1}{n_1} + \frac{1}{n_2}}t_{\frac{\alpha}{2}}(n_1+n_2-2), \overline{X} - \overline{Y} + S_W\sqrt{\frac{1}{n_1} + \frac{1}{n_2}}t_{\frac{\alpha}{2}}(n_1+n_2-2)\right),$$

其中 $S_W^2 = \dfrac{(n_1-1)S_1^2 + (n_2-1)S_2^2}{n_1+n_2-2}$.

（3）σ_1^2, σ_2^2 未知，$\sigma_1^2 \neq \sigma_2^2$ 时，$\mu_1 - \mu_2$ 的置信度为 $1-\alpha$ 的置信区间为

$$\left(\overline{X} - \overline{Y} - z_{\frac{\alpha}{2}}\sqrt{\frac{S_1^2}{n_1} + \frac{S_2^2}{n_2}}, \overline{X} - \overline{Y} + z_{\frac{\alpha}{2}}\sqrt{\frac{S_1^2}{n_1} + \frac{S_2^2}{n_2}}\right),$$

这里要求 n_1, n_2 均较大 $[\min(n_1,n_2) \geqslant 50]$.

（4）μ_1 及 μ_2 未知时，$\dfrac{\sigma_1^2}{\sigma_2^2}$ 的置信度为 $1-\alpha$ 的置信区间为

$$\left(\frac{S_1^2/S_2^2}{F_{\frac{\alpha}{2}}(n_1-1, n_2-1)}, \frac{S_1^2/S_2^2}{F_{1-\frac{\alpha}{2}}(n_1-1, n_2-1)}\right).$$

4. 单侧置信区间

对于单侧置信区间估计问题的讨论，基本与双侧区间估计的方法相同. 具体计算中，需要注意两点：一是将双侧置信区间中 $\frac{\alpha}{2}$ 改为 α；二是单侧置信区间的下限不一定是 $-\infty$，有时需要根据实际问题确定.

§7.2 例题解析

例 1 已知总体 $X \sim U(a,b)$，求未知参数 a,b 的矩估计量.

分析 本题含有两个待估参数，采用样本均值和样本二阶中心矩估计总体均值和总体方差.

解 由 $X \sim U(a,b), D(X) = EX^2 - (EX)^2$，得

$$\begin{cases}\dfrac{a+b}{2} = \overline{X}, \\ \dfrac{(b-a)^2}{12} = \dfrac{1}{n}\sum_{i=1}^{n}(X_i - \overline{X})^2 = B_2.\end{cases}$$

解得

$$\begin{cases} \hat{a} = \overline{X} - \sqrt{3B_2} = \overline{X} - \sqrt{\dfrac{3(n-1)}{n}}S \\ \hat{b} = \overline{X} + \sqrt{3B_2} = \overline{X} + \sqrt{\dfrac{3(n-1)}{n}}S \end{cases}$$

分别为 a,b 的矩估计量.

例 2　设总体 X 的概率密度函数为

$$f(x;\theta) = \begin{cases} \dfrac{6}{\theta^3}x(\theta - x), & 0 < x < \theta, \\ 0, & \text{其他}, \end{cases}$$

其中 $X_1,X_2,\cdots,X_n$ 是取自总体 X 的一样本.

(1) 求 θ 的矩估计量；(2) 求 $D(\hat{\theta})$.

解　(1) $E(X) = \displaystyle\int_0^\theta \dfrac{6}{\theta^3}x(\theta - x)x\mathrm{d}x = \dfrac{6}{\theta^3}\int_0^\theta x^2(\theta - x)\mathrm{d}x = \dfrac{6}{\theta^3} \cdot \dfrac{\theta^4}{12} = \dfrac{\theta}{2}$,

令 $\dfrac{\theta}{2} = \overline{X}$, 得参数 θ 的矩估计量为

$$\hat{\theta} = 2\overline{X}.$$

(2) $D(\hat{\theta}) = D(2\overline{X}) = 4D(\overline{X}) = \dfrac{4}{n}D(X)$, 而 $D(X) = EX^2 - (EX)^2$,

$$EX^2 = \int_0^\theta \dfrac{6}{\theta^3}x^2(\theta - x)x\mathrm{d}x = \dfrac{6}{\theta^3}\int_0^\theta x^3(\theta - x)\mathrm{d}x = \dfrac{6}{\theta^3} \cdot \dfrac{\theta^5}{20} = \dfrac{3}{10}\theta^2.$$

所以 $D(X) = \dfrac{3}{10}\theta^2 - \left(\dfrac{\theta}{2}\right)^2 = \dfrac{1}{20}\theta^2$, 故

$$D(\hat{\theta}) = \dfrac{4}{n}D(X) = \dfrac{4}{n} \cdot \dfrac{1}{20}\theta^2 = \dfrac{1}{5n}\theta^2.$$

例 3　设总体 X 的概率分布为

X	1	2	3
P	θ^2	$2\theta(1-\theta)$	$(1-\theta)^2$

其中 $\theta(0 < \theta < 1)$ 为未知参数, 现抽得一个样本 $x_1 = 1, x_2 = 2, x_3 = 1$, 求 θ 的极大似然估计值.

分析　本题需对离散型总体采用极大似然估计法.

解　似然函数为

$$L(\theta) = \prod_{i=1}^3 p(x_i;\theta) = \theta^2 \times 2\theta(1-\theta) \times \theta^2 = 2\theta^5(1-\theta).$$

取对数得

$$\ln L(\theta) = \ln 2 + 5\ln\theta + \ln(1-\theta),$$

对 θ 求导并令其为零,得

$$\frac{\mathrm{d}\ln L(\theta)}{\mathrm{d}\theta} = \frac{5}{\theta} - \frac{1}{1-\theta} = 0.$$

解得 $\hat{\theta} = \dfrac{5}{6}$,故 θ 的极大似然估计值为 $\hat{\theta} = \dfrac{5}{6}$.

例 4　设 $X_1, X_2, \cdots, X_n$ 是来自指数分布总体的一样本,密度函数为

$$f(x;\theta,\lambda) = \begin{cases} \dfrac{1}{\lambda}\mathrm{e}^{-(x-\theta)/\lambda}, & x \geqslant \theta, \\ 0, & x < \theta, \end{cases}$$

其中 $\lambda > 0$,求 θ 及 λ 的极大似然估计量.

分析　应用连续型总体的极大似然估计法.

解　似然函数为

$$L(\theta,\lambda) = \prod_{i=1}^{n} f(x_i;\theta,\lambda) = \prod_{i=1}^{n} \frac{1}{\lambda}\mathrm{e}^{-(x_i-\theta)/\lambda} = \frac{1}{\lambda^n}\mathrm{e}^{-\frac{1}{\lambda}\sum_{i=1}^{n}(x_i-\theta)}.$$

取对数得

$$\ln L(\theta,\lambda) = -n\ln\lambda - \frac{1}{\lambda}\sum_{i=1}^{n}(x_i-\theta),$$

分别对 θ,λ 求偏导,得

$$\frac{\partial\ln L(\theta,\lambda)}{\partial\theta} = \frac{n}{\lambda}, \quad \frac{\partial\ln L(\theta,\lambda)}{\partial\lambda} = -\frac{n}{\lambda} + \frac{1}{\lambda^2}\sum_{i=1}^{n}(x_i-\theta).$$

因为 $\dfrac{\partial\ln L(\theta,\lambda)}{\partial\theta} = \dfrac{n}{\lambda} > 0$,而 θ 越大,$\ln L(\theta,\lambda)$ 越大,且所有的 x_i 需满足 $x_i \geqslant \theta$,所以

$$\hat{\theta} = \min\{x_1, x_2, \cdots, x_n\}.$$

再由 $\dfrac{\partial\ln L(\theta,\lambda)}{\partial\lambda} = 0$,得

$$\hat{\lambda} = \frac{1}{n}\sum_{i=1}^{n}(x_i-\hat{\theta}) = \bar{x} - \min\{x_1, x_2, \cdots, x_n\}.$$

于是 θ 和 λ 的极大似然估计量分别为

$$\hat{\theta} = \min\{X_1, X_2, \cdots, X_n\}, \hat{\lambda} = \bar{X} - \min\{X_1, X_2, \cdots, X_n\}.$$

例 5　设总体的概率密度为

$$f(x,\sigma) = \frac{1}{2\sigma}\mathrm{e}^{-\frac{|x|}{\sigma}},$$

其中 $\sigma > 0$ 为未知参数. $X_1, X_2, \cdots, X_n$ 是来自总体 X 的一个样本,求参数 σ 的矩估计量

和极大似然估计量.

解 因为

$$E(X) = \int_{-\infty}^{+\infty} xf(x,\sigma)\mathrm{d}x = \int_{-\infty}^{+\infty} \frac{x}{2\sigma}\mathrm{e}^{-\frac{|x|}{\sigma}}\mathrm{d}x = 0,$$

它与 σ 无关,所以需求二阶矩.

$$E(X^2) = \int_{-\infty}^{+\infty} x^2 f(x,\sigma)\mathrm{d}x = \int_{-\infty}^{+\infty} \frac{x^2}{2\sigma}\mathrm{e}^{-\frac{|x|}{\sigma}}\mathrm{d}x = \int_{0}^{+\infty} \frac{x^2}{\sigma}\mathrm{e}^{-\frac{x}{\sigma}}\mathrm{d}x = 2\sigma^2.$$

令 $2\sigma^2 = \dfrac{1}{n}\sum\limits_{i=1}^{n} X_i^2$,解得参数 σ 的矩估计量为

$$\hat{\sigma} = \sqrt{\frac{1}{2n}\sum_{i=1}^{n} X_i^2}.$$

下面用极大似然估计法估计 σ. 似然函数为

$$L(\sigma) = \prod_{i=1}^{n} f(x_i,\sigma) = \frac{1}{2^n}\sigma^{-n}\mathrm{e}^{-\frac{1}{\sigma}\sum\limits_{i=1}^{n}|x_i|}.$$

取对数得

$$\ln L(\sigma) = -n\ln 2 - n\ln\sigma - \frac{1}{\sigma}\sum_{i=1}^{n}|x_i|.$$

令

$$\frac{\mathrm{d}\ln L(\sigma)}{\mathrm{d}\sigma} = -\frac{n}{\sigma} + \frac{1}{\sigma^2}\sum_{i=1}^{n}|x_i| = 0,$$

解得 σ 的极大似然估计值为 $\hat{\sigma} = \dfrac{1}{n}\sum\limits_{i=1}^{n}|x_i|$,故 σ 的极大似然估计量为 $\hat{\sigma} = \dfrac{1}{n}\sum\limits_{i=1}^{n}|X_i|$.

例 6 设随机变量 X 的分布函数为

$$F(x;\alpha,\beta) = \begin{cases} 1 - \left(\dfrac{\alpha}{x}\right)^{\beta}, & x > \alpha, \\ 0, & x \leqslant \alpha, \end{cases}$$

其中参数 $\alpha > 0, \beta > 1$. 设 $X_1, X_2, \cdots, X_n$ 是来自总体 X 的一个简单随机样本.

(1) 当 $\alpha = 1$ 时,求未知参数 β 的矩估计量;

(2) 当 $\alpha = 1$ 时,求未知参数 β 的极大似然估计量;

(3) 当 $\beta = 2$ 时,求未知参数 α 的极大似然估计量.

分析 这是矩法及极大似然估计法的问题.

解 当 $\alpha = 1$ 时,X 的概率密度函数为

$$f(x;\beta) = \begin{cases} \dfrac{\beta}{x^{\beta+1}}, & x > 1, \\ 0, & x \leqslant 1. \end{cases}$$

（1）由于

$$E(X) = \int_{-\infty}^{+\infty} x f(x;\beta) \mathrm{d}x = \int_{1}^{+\infty} x \frac{\beta}{x^{\beta+1}} \mathrm{d}x = \frac{\beta}{\beta-1},$$

令 $\frac{\beta}{\beta-1} = \overline{X}$，解得参数 β 的矩估计量为

$$\hat{\beta} = \frac{\overline{X}}{\overline{X}-1}.$$

（2）似然函数为

$$L(\beta) = \prod_{i=1}^{n} f(x_i;\beta) = \begin{cases} \dfrac{\beta^n}{(x_1 x_2 \cdots x_n)^{\beta+1}}, & x_i > 1, \\ 0, & \text{其他.} \end{cases}$$

当 $x_i > 1$，$i = 1,2,\cdots,n$ 时，$L(\beta) > 0$，取对数得

$$\ln L(\beta) = n\ln\beta - (\beta+1)\sum_{i=1}^{n}\ln x_i.$$

对 β 求导得

$$\frac{\mathrm{d}\ln L(\beta)}{\mathrm{d}\beta} = \frac{n}{\beta} - \sum_{i=1}^{n}\ln x_i.$$

令 $\dfrac{\mathrm{d}\ln L(\beta)}{\mathrm{d}\beta} = 0$，解得 $\hat{\beta} = \dfrac{n}{\displaystyle\sum_{i=1}^{n}\ln x_i}$.

故 β 的极大似然估计量为

$$\hat{\beta} = \frac{n}{\displaystyle\sum_{i=1}^{n}\ln X_i}.$$

（3）当 $\beta = 2$ 时，X 的概率密度函数为

$$f(x;\alpha) = \begin{cases} \dfrac{2\alpha^2}{x^3}, & x > \alpha, \\ 0, & x \leqslant \alpha. \end{cases}$$

似然函数为

$$L(\alpha) = \prod_{i=1}^{n} f(x_i;\alpha) = \begin{cases} \dfrac{2^n \alpha^{2n}}{(x_1 x_2 \cdots x_n)^3}, & x_i > \alpha, \\ 0, & \text{其他.} \end{cases}$$

当 $x_i > \alpha$，$i = 1,2,\cdots,n$ 时，α 越大，$L(\alpha)$ 越大，因此 α 的极大似然估计值为

$$\hat{\alpha} = \min\{x_1, x_2, \cdots, x_n\}.$$

于是 α 的极大似然估计量为

$$\hat{\alpha} = \min\{X_1, X_2, \cdots, X_n\}.$$

例 7 设总体 X 的概率密度函数为

$$f(x;\lambda) = \begin{cases} \lambda(x-10)\mathrm{e}^{-\frac{\lambda}{2}(x-10)^2}, & x > 10, \\ 0, & x \leqslant 10, \end{cases}$$

其中 $\lambda > 0$ 为未知参数，X_1, X_2, X_3, X_4 是 $n=4$ 的简单随机样本，$27, 25, 35, 29$ 为一组样本值.

(1) 求 λ 的极大似然估计量；

(2) 由样本值求 λ 的极大似然估计值；

(3) 据(2)中 λ 的估计值，求 $P\{x \leqslant 30\}$.

解 (1) 似然函数

$$L(\lambda) = \prod_{i=1}^{4} f(x_i;\lambda) = \prod_{i=1}^{4} \lambda(x_i-10)\mathrm{e}^{-\frac{\lambda}{2}(x_i-10)^2} = \lambda^4 \prod_{i=1}^{4}(x_i-10)\mathrm{e}^{-\frac{\lambda}{2}\sum_{i=1}^{4}(x_i-10)^2}.$$

取对数得

$$\ln L(\lambda) = 4\ln\lambda + \sum_{i=1}^{4}\ln(x_i-10) - \frac{\lambda}{2}\sum_{i=1}^{4}(x_i-10)^2,$$

关于 λ 求导并令其为零，得

$$\frac{\mathrm{d}\ln L(\lambda)}{\mathrm{d}\lambda} = \frac{4}{\lambda} - \frac{1}{2}\sum_{i=1}^{4}(x_i-10)^2 = 0,$$

解得

$$\hat{\lambda} = \frac{8}{\sum_{i=1}^{4}(x_i-10)^2}.$$

故 λ 的极大似然估计量为

$$\hat{\lambda} = \frac{8}{\sum_{i=1}^{4}(X_i-10)^2}.$$

(2) 根据样本值 $27, 25, 35, 29$，得估计值

$$\hat{\lambda} = \frac{8}{17^2 + 15^2 + 25^2 + 19^2} \approx 0.005\,333.$$

(3) $P\{x \leqslant 30\} = \displaystyle\int_{10}^{30} 0.005\,333(x-10)\mathrm{e}^{-\frac{0.005\,333}{2}(x-10)^2}\,\mathrm{d}x$

$$= \int_{10}^{30} \mathrm{e}^{-\frac{0.005\,333}{2}(x-10)^2}\,\mathrm{d}\left[\frac{0.005\,333}{2}(x-10)^2\right]$$

$$= -\mathrm{e}^{-\frac{0.005\,333}{2}(x-10)^2}\Big|_{10}^{30} = 1 - \mathrm{e}^{-1.066\,6} \approx 0.655\,8.$$

例 8 设总体 X 的对数函数 $Z = \ln X$ 服从正态分布 $N(\mu,\sigma^2)$，$X_1, X_2, \cdots, X_n$ 是总体

X 的简单随机样本,试求 μ,σ^2 及 $E(X)$ 的极大似然估计量.

解 样本 $X_1,X_2,\cdots,X_n$ 对应于 Z 的样本为 $Z_1,Z_2,\cdots,Z_n$, 即 $\ln X_1,\ln X_2,\cdots,\ln X_n$, $Z \sim N(\mu,\sigma^2)$,其密度函数为

$$f(z;\mu,\sigma^2) = \frac{1}{\sqrt{2\pi}\sigma}\mathrm{e}^{-\frac{(x-\mu)^2}{2\sigma^2}}.$$

可先求出 μ,σ^2 的极大似然估计量为

$$\hat{\mu} = \overline{Z},\ \hat{\sigma}^2 = \frac{1}{n}\sum_{i=1}^{n}(Z_i - \overline{Z})^2,$$

转化为样本 $X_1,X_2,\cdots,X_n$ 的函数,即

$$\hat{\mu} = \frac{1}{n}\sum_{i=1}^{n}\ln X_i,\ \hat{\sigma}^2 = \frac{1}{n}\sum_{i=1}^{n}(\ln X_i - \frac{1}{n}\sum_{i=1}^{n}\ln X_i)^2.$$

由于 $Z = \ln X$,则 $X = \mathrm{e}^z$,于是

$$E(X) = E(\mathrm{e}^z) = \int_{-\infty}^{+\infty}\mathrm{e}^z\frac{1}{\sqrt{2\pi}\sigma}\mathrm{e}^{-\frac{(x-\mu)^2}{2\sigma^2}}\mathrm{d}z = \int_{-\infty}^{+\infty}\frac{1}{\sqrt{2\pi}\sigma}\mathrm{e}^z\mathrm{e}^{-\frac{(x-\mu)^2}{2\sigma^2}}\mathrm{d}z$$

$$= \int_{-\infty}^{+\infty}\frac{1}{\sqrt{2\pi}\sigma}\mathrm{e}^{-\frac{1}{2\sigma^2}(z^2 - (2\mu+2\sigma^2)z + (\mu+\sigma^2)^2 - 2\mu\sigma^2 - \sigma^4)}\mathrm{d}z$$

$$= \mathrm{e}^{\mu+\frac{1}{2}\sigma^2}\int_{-\infty}^{+\infty}\frac{1}{\sqrt{2\pi}\sigma}\mathrm{e}^{-\frac{1}{2\sigma^2}(z-\mu-\sigma^2)}\mathrm{d}z = \mathrm{e}^{\mu+\frac{1}{2}\sigma^2}.$$

因此,$E(X)$ 的极大似然估计量为 $E(\hat{X}) = \mathrm{e}^{\hat{\mu}+\frac{1}{2}\hat{\sigma}^2}$,其中 $\hat{\mu},\hat{\sigma}^2$ 分别为 μ,σ^2 的极大似然估计量.

例 9 设总体 X 服从区间 $[2\theta,3\theta]$ 上的均匀分布,其中 $\theta > 0$ 为未知参数,又 $X_1,X_2,\cdots,X_n$ 为样本,记样本均值 $\overline{X} = \frac{1}{n}\sum_{i=1}^{n}X_i$,证明:$\hat{\theta} = \frac{2}{5}\overline{X}$ 为 θ 的无偏估计.

分析 利用无偏性定义验证即可.

证 因为

$$EX = \frac{2\theta + 3\theta}{2} = \frac{5}{2}\theta,$$

而 $E\overline{X} = EX$,所以

$$E\hat{\theta} = \frac{2}{5}E\overline{X} = \frac{2}{5}EX = \theta.$$

故 $\hat{\theta} = \frac{2}{5}\overline{X}$ 为 θ 的无偏估计.

例 10 设总体的数学期望 μ 与方差 σ^2 存在,$X_1,X_2,\cdots,X_n$ 是总体 X 的一个样本,证明:

(1) $Y = \sum\limits_{i=1}^{n} C_i X_i$ 是 μ 的无偏估计量,其中 $\sum\limits_{i=1}^{n} C_i = 1, C_i > 0$;

(2) $B_2 = \dfrac{1}{n} \sum\limits_{i=1}^{n} (X_i - \overline{X})^2$ 不是 σ^2 的无偏估计量.

证 (1) 因为

$$E(Y) = E\left(\sum_{i=1}^{n} C_i X_i\right) = \sum_{i=1}^{n} C_i E(X_i) = \sum_{i=1}^{n} C_i \mu = \mu \sum_{i=1}^{n} C_i = \mu,$$

所以 $Y = \sum\limits_{i=1}^{n} C_i X_i$ 是 μ 的无偏估计量.

(2) 因为

$$B_2 = \frac{1}{n} \sum_{i=1}^{n} (X_i - \overline{X})^2 = \frac{n-1}{n} \times \left[\frac{1}{n-1} \sum_{i=1}^{n} (X_i - \overline{X})^2\right] = \frac{n-1}{n} S^2,$$

又 S^2 是 σ^2 的无偏估计,即 $E(S^2) = \sigma^2$,故

$$E(B_2) = E\left(\frac{n-1}{n} S^2\right) = \frac{n-1}{n} E(S^2) = \frac{n-1}{n} \sigma^2 \neq \sigma^2.$$

所以 $B_2 = \dfrac{1}{n} \sum\limits_{i=1}^{n} (X_i - \overline{X})^2$ 不是 σ^2 的无偏估计量.

例 11 设总体 $X \sim N(\mu, \sigma^2)$,$X_1, X_2, \cdots, X_n$ 是来自总体 X 的一个样本,试确定常数 c,使统计量 $c \sum\limits_{i=1}^{n-1} (X_{i+1} - X_i)^2$ 为 σ^2 的无偏估计.

分析 利用无偏性的定义求解常数 c.

解 由正态分布的性质以及样本的独立性可知,

$$X_{i+1} - X_i \sim N(0, 2\sigma^2),$$

因此

$$E(X_{i+1} - X_i)^2 = D(X_{i+1} - X_i) = 2\sigma^2.$$

要使

$$\sigma^2 = E\left(c \sum_{i=1}^{n-1} (X_{i+1} - X_i)^2\right) = c \sum_{i=1}^{n-1} E(X_{i+1} - X_i)^2 = 2(n-1) c \sigma^2,$$

则 $\quad c = \dfrac{1}{2(n-1)}.$

因此,当 $c = \dfrac{1}{2(n-1)}$ 时,统计量 $c \sum\limits_{i=1}^{n-1} (X_{i+1} - X_i)^2$ 为 σ^2 的无偏估计.

例 12 设有两正态总体 $X \sim N(\mu_1, \sigma^2)$,$Y \sim N(\mu_1, \sigma^2)$,分别从 X, Y 中抽取容量为 n_1, n_2 的两个独立样本,样本方差分别为 S_1^2, S_2^2. 证明:对任何常数 a, b,如果 $a + b = 1$,则 $Z = a S_1^2 + b S_2^2$ 都是 σ^2 的无偏估计量,并确定使 $D(Z)$ 达到最小值的 a, b.

分析　先利用无偏性定义证明,再求 $D(Z)$ 的最小值问题.

证　这里 X,Y 是方差同为 σ^2 的正态总体,S_1^2,S_2^2 分别为其样本方差,则

$$ES_1^2 = \sigma^2,\ ES_2^2 = \sigma^2.$$

由于 $Z = aS_1^2 + bS_2^2$,当 $a+b=1$ 时,有

$$E(Z) = E(aS_1^2 + bS_2^2) = (a+b)\sigma^2 = \sigma^2,$$

故 $Z = aS_1^2 + bS_2^2$ 是 σ^2 的无偏估计量.

进一步,经计算知,对正态总体的样本方差有

$$DS^2 = \frac{2\sigma^4}{n-1}.$$

于是

$$DS_1^2 = \frac{2\sigma^4}{n_1-1},\ DS_2^2 = \frac{2\sigma^4}{n_2-1}.$$

又 S_1^2,S_2^2 两者相互独立,所以

$$D(Z) = D(aS_1^2 + bS_2^2) = a^2 D(S_1^2) + b^2 D(S_2^2)$$

$$= a^2 \frac{2\sigma^4}{n_1-1} + b^2 \frac{2\sigma^4}{n_2-1} = 2\sigma^4\left(\frac{a^2}{n_1-1} + \frac{b^2}{n_2-1}\right)$$

$$= 2\sigma^4\left[\frac{a^2}{n_1-1} + \frac{(1-a)^2}{n_2-1}\right].$$

要使 $D(Z)$ 达到最小,只要 $Z(a) = \dfrac{a^2}{n_1-1} + \dfrac{(1-a)^2}{n_2-1}$ 最小即可.令

$$\frac{\mathrm{d}Z(a)}{\mathrm{d}a} = \frac{2a}{n_1-1} - \frac{2(1-a)}{n_2-1} = 0,$$

解得 $a = \dfrac{n_1-1}{n_1+n_2-2}$,从而 $b = \dfrac{n_2-1}{n_1+n_2-2}$.故当 $a = \dfrac{n_1-1}{n_1+n_2-2}, b = \dfrac{n_2-1}{n_1+n_2-2}$ 时,$D(Z)$ 取到最小且最小值为 $\dfrac{2\sigma^4}{n_1+n_2-2}$.

例 13　设总体 X 的均值为 μ,方差为 σ^2,且 σ^2 不为零,X_1,X_2,X_3 是总体 X 的样本.证明:

$$\hat{\mu}_1 = \frac{1}{2}(X_1+X_2),\ \hat{\mu}_2 = \frac{1}{3}(X_1+X_2+X_3)$$

均为总体均值 μ 的无偏估计量,并判断哪个更有效.

分析　本题考查估计量的无偏性和有效性.

证　因为

$$E(\hat{\mu}_1) = E\left[\frac{1}{2}(X_1+X_2)\right] = \frac{1}{2}E(X_1+X_2) = \frac{1}{2}[E(X)+E(X)] = \mu,$$

同理 $E(\hat{\mu}_2) = \mu$,故 $\hat{\mu}_1$ 与 $\hat{\mu}_2$ 都是总体均值 μ 的无偏估计.又

$$D(\hat{\mu_1}) = D\Big[\frac{1}{2}(X_1 + X_2)\Big] = \frac{1}{2}\sigma^2,$$

$$D(\hat{\mu_2}) = D\Big[\frac{1}{3}(X_1 + X_2 + X_3)\Big] = \frac{1}{9}(\sigma^2 + \sigma^2 + \sigma^2) = \frac{1}{3}\sigma^2,$$

因此 $D(\hat{\mu_1}) > D(\hat{\mu_2})$,故 $\hat{\mu_2}$ 较 $\hat{\mu_1}$ 有效.

例 14　设 $X_1, X_2, \cdots, X_n$ 和 $Y_1, Y_2, \cdots, Y_m$ 是分别来自总体 $X \sim N(\mu, 1)$ 和 $Y \sim N(\mu, 2^2)$ 的两个样本,μ 的一个无偏估计形式为 $T = a\sum\limits_{i=1}^{n} X_i + b\sum\limits_{i=1}^{m} Y_i$,则 a 和 b 应满足条件_____;当_____时,T 最有效.

解　要使 T 为 μ 的无偏估计,则 $E(T) = \mu$,而

$$E(T) = E(a\sum_{i=1}^{n} X_i + b\sum_{i=1}^{m} Y_i) = a\sum_{i=1}^{n} EX_i + b\sum_{i=1}^{m} EY_i$$
$$= an\mu + bm\mu = (an + bm)\mu,$$

故当 $an + bm = 1$ 时,$E(T) = \mu$. 又

$$D(T) = D(a\sum_{i=1}^{n} X_i + b\sum_{i=1}^{m} Y_i) = a^2 \sum_{i=1}^{n} DX_i + b^2 \sum_{i=1}^{m} DY_i = a^2 n + 4b^2 m,$$

将 $an + bm = 1$ 代入上式得

$$D(T) = \frac{(1 - bm)^2}{n} + 4b^2 m.$$

两边关于 b 求导并令其为 0 得

$$\frac{\mathrm{d}D(T)}{\mathrm{d}b} = \frac{2(1 - bm)}{n}(-m) + 8bm = 0,$$

解得 $b = \dfrac{1}{4n + m}$,从而 $a = \dfrac{4}{4n + m}$.

故当 $a = \dfrac{4}{4n + m}, b = \dfrac{1}{4n + m}$ 时,$D(T)$ 最小,即 T 最有效.

例 15　设随机变量 X 服从参数为 λ 的指数分布,求未知参数 λ 的倒数 $\theta = \dfrac{1}{\lambda}$ 的极大似然估计量 $\hat{\theta}$,并问所得的估计量 $\hat{\theta}$ 是否为 θ 的有效估计.

分析　本题需结合 C-R 不等式验证 $\hat{\theta}$ 是否为 θ 的有效估计.

解　X 的概率密度为

$$f(x;\theta) = \begin{cases} \dfrac{1}{\theta}\mathrm{e}^{-\frac{x}{\theta}}, & x > 0, \\ 0, & x \leqslant 0. \end{cases}$$

设 $X_1, X_2, \cdots, X_n$ 是来自总体 X 的一个样本,$x_1, x_2, \cdots, x_n$ 是相应的样本值,则似然函数为

$$L(\theta) = \prod_{i=1}^{n} f(x_i;\theta) = \begin{cases} \theta^{-n}\mathrm{e}^{-\frac{1}{\theta}\sum\limits_{i=1}^{n}x_i}, & x_i > 0, i = 1, \cdots, n, \\ 0, & \text{其他}. \end{cases}$$

所以当 $x_i > 0, i = 1, 2, \cdots, n$ 时，$L(\theta) > 0$，并且

$$\ln L(\theta) = -n\ln\theta - \frac{1}{\theta}\sum_{i=1}^{n}x_i.$$

令

$$\frac{\mathrm{d}\ln L}{\mathrm{d}\theta} = -\frac{n}{\theta} + \frac{1}{\theta^2}\sum_{i=1}^{n}x_i = 0,$$

解得 θ 的极大似然估计值为 $\hat{\theta} = \bar{x}$.

故其极大似然估计量为 $\hat{\theta} = \bar{X}$.

由于 $E(\hat{\theta}) = E(\bar{X}) = E(X) = \theta$，故 $\hat{\theta} = \bar{X}$ 是 θ 的无偏估计.

又
$$\ln f(x;\theta) = -\ln\theta - \frac{x}{\theta},$$

$$\frac{\partial \ln f(x;\theta)}{\partial \theta} = -\frac{1}{\theta} + \frac{x}{\theta^2},$$

故信息量
$$I(\theta) = E\left[\frac{\partial}{\partial\theta}\ln f(X;\theta)\right]^2 = E\left(-\frac{1}{\theta} + \frac{X}{\theta^2}\right)^2$$
$$= \frac{1}{\theta^4}E(X - \theta)^2 = \frac{D(X)}{\theta^4} = \frac{1}{\theta^2}.$$

由于
$$D(\hat{\theta}) = D(\bar{X}) = \frac{D(X)}{n} = \frac{\theta^2}{n} = \frac{1}{nI(\theta)},$$

所以估计量 $\hat{\theta}$ 是 θ 的有效估计.

例 16 设有来自正态总体 $X \sim N(\mu, 0.9^2)$、容量为 9 的简单随机样本的样本均值为 $\bar{X} = 5$，求未知参数 μ 的置信水平为 0.95 的置信区间？

分析 本题是方差已知，求总体均值的置信区间.

解 方差 $\sigma^2 = 0.9^2$ 已知，单个正态总体均值 μ 的置信水平为 $1 - \alpha$ 的置信区间是

$$\left(\bar{X} - \frac{\sigma}{\sqrt{n}}z_{\frac{\alpha}{2}}, \bar{X} + \frac{\sigma}{\sqrt{n}}z_{\frac{\alpha}{2}}\right).$$

由题意得，$1 - \alpha = 0.95$，$\alpha = 0.05$，查表得 $z_{\frac{\alpha}{2}} = z_{0.025} = 1.96$，代入得 μ 的置信水平为 0.95 的置信区间为 $(4.412, 5.588)$.

例 17 从某厂生产的一批钉子中抽取 16 枚，测得其长度（单位：cm）为

2.14　2.10　2.13　2.15　2.13　2.12　2.13　2.10

2.15　2.12　2.14　2.10　2.13　2.11　2.14　2.11

假定钉长服从正态分布，试求 μ 的置信度为 0.9 的置信区间.

分析 本题是总体方差未知,求总体均值的置信区间.

解 σ^2 未知,均值 μ 的置信度为 $1-\alpha$ 的置信区间为

$$\left(\overline{X}-\frac{S}{\sqrt{n}}t_{\frac{\alpha}{2}}(n-1),\overline{X}+\frac{S}{\sqrt{n}}t_{\frac{\alpha}{2}}(n-1)\right).$$

由题意得,$n=16,\alpha=0.1,\overline{x}=2.125,s=0.017\,13$. 查 t 分布表得

$$t_{\frac{\alpha}{2}}(n-1)=t_{0.025}(15)=1.753\,1.$$

代入上述置信区间公式,得 μ 的置信度为 0.9 的置信区间为 $(2.118,2.133)$.

例 18 冷抽铜丝的折断力服从正态分布,从一批铜丝中任取 10 根试验折断力,得数据如下:

$$578 \quad 572 \quad 570 \quad 568 \quad 572 \quad 570 \quad 570 \quad 596 \quad 584 \quad 582$$

求方差 σ^2 与标准差 σ 的置信度为 0.95 的置信区间.

分析 本题是总体均值未知,求总体方差或标准差的置信区间.

解 由题意知,$1-\alpha=0.95$,故 $\alpha=0.05$,于是 $1-\frac{\alpha}{2}=0.975,\frac{\alpha}{2}=0.025$,又 $n=10$,查表得

$$\chi^2_{\frac{\alpha}{2}}(9)=\chi^2_{0.025}(9)=19,\chi^2_{1-\frac{\alpha}{2}}(9)=\chi^2_{0.975}(9)=2.7.$$

利用样本均值、方差公式得 $\overline{x}=575.2,s^2=75.73$. 于是置信下、上限分别为

$$\frac{(n-1)s^2}{\chi^2_{\frac{\alpha}{2}}(n-1)}=\frac{9\times75.73}{19}=35.87,\frac{(n-1)s^2}{\chi^2_{1-\frac{\alpha}{2}}(n-1)}=\frac{9\times75.73}{2.7}=252.44.$$

故 σ^2 的置信度为 95% 的置信区间为 $(35.87,252.44)$,σ 的置信度为 95% 的置信区间为 $(5.99,15.89)$.

例 19 对某种产品质量指标进行抽样检验,每天抽取容量为 5 的样本(各天的样本相互独立),某 5 天的样本方差数据为:

$$S_1^2=237,S_2^2=320,S_3^2=453,S_4^2=296,S_5^2=141.$$

假设产品质量指标 $X\sim N(\mu,\sigma^2)$,试求 σ^2 的置信度为 95% 的置信区间.

解 由题意知,有 $\frac{(n_i-1)S_i^2}{\sigma^2}\sim\chi^2(n_i-1),i=1,2,3,4,5.$

由于 $n_i=5,S_i^2,i=1,2,3,4,5$ 相互独立,则

$$\chi^2=\frac{4\sum_{i=1}^{5}S_i^2}{\sigma^2}\sim\chi^2(20).$$

由 χ^2 分布的分位点知,

$$P\{\chi^2_{1-\frac{\alpha}{2}}(20)<\chi^2<\chi^2_{\frac{\alpha}{2}}(20)\}=1-\alpha.$$

于是 σ^2 的置信度为 $1-\alpha$ 的置信区间为

$$P\left\{\frac{4\sum\limits_{i=1}^{5}S_i^2}{\chi_{\frac{\alpha}{2}}^2(20)}<\sigma^2<\frac{4\sum\limits_{i=1}^{5}S_i^2}{\chi_{1-\frac{\alpha}{2}}^2(20)}\right\}=1-\alpha.$$

查 χ^2 分布表得

$$\chi_{\frac{\alpha}{2}}^2(20)=\chi_{0.025}^2(20)=34.170,\ \chi_{1-\frac{\alpha}{2}}^2(20)=\chi_{0.975}^2(20)=9.591.$$

代入数据可得 σ^2 的置信度为 95% 的置信区间为

$$\left(\frac{4(237+320+453+296+141)}{34.170},\frac{4(237+320+453+296+141)}{9.591}\right),$$

即 $(169.4,603.5)$.

例 20　从某地随机抽取男、女各 100 名,以估计男、女平均高度之差,测量并计算得男子高度的样本均值为 1.71 m,样本标准差为 0.35 m,女子高度的样本均值为 1.67 m,样本标准差为 0.038 m,假定男、女高度服从正态分布,且方差相同,试求男、女高度平均值之差的置信度为 95% 的置信区间.

分析　这是两个正态总体均值差 $\mu_1-\mu_2$ 的置信区间.

解　由题意知,$n_1=100,n_2=100,\alpha=0.05,\frac{\alpha}{2}=0.025.$

样本均值与样本方差分别为

$$\overline{x}=1.71,\ s_1^2=0.35,$$
$$\overline{y}=1.67,\ s_2^2=0.038.$$

查表可得

$$t_{\frac{\alpha}{2}}(n_1+n_2-2)=t_{0.025}(178)\approx z_{0.025}=1.96.$$

又 $s_w^2=\dfrac{1}{198}(99\times0.35+99\times0.038)=0.194$,代入 $\mu_1-\mu_2$ 的置信度为 $1-\alpha$ 的置信区间

$$\left(\overline{x}-\overline{y}-s_w\sqrt{\frac{1}{n_1}+\frac{1}{n_2}}t_{\frac{\alpha}{2}}(n_1+n_2-2),\overline{x}-\overline{y}+s_w\sqrt{\frac{1}{n_1}+\frac{1}{n_2}}t_{\frac{\alpha}{2}}(n_1+n_2-2)\right),$$

即得 $\mu_1-\mu_2$ 的置信度为 95% 的置信区间为 $(0.0299,0.0501)$.

例 21　为估计尿素对水稻增产的作用,选 20 块大致相同的地块进行对比试验,其中 10 块不施尿素,另外 10 块施尿素,得到单位面积产量(单位:kg)如下:

不施尿素　560　590　560　570　580　570　600　550　570　550

施尿素　　620　570　650　600　630　580　570　600　600　580

设不施尿素与施尿素的单位面积产量分别服从正态分布,且方差相同,求施尿素与不施尿素的地块的平均单位面积产量之差的置信度为 0.95 的置信区间.

解　设施尿素的地块单位面积产量作为总体 $X\sim N(\mu_1,\sigma^2)$,不施尿素的地块单位面

积产量作为总体 $Y \sim N(\mu_2, \sigma^2)$. 由题意知，$1 - \alpha = 0.95, \frac{\alpha}{2} = 0.025, n_1 = n_2 = 10$.

经计算得相应的样本均值与样本方差为

$$\bar{x} = 600, \quad s_1^2 = \frac{6\ 400}{9},$$

$$\bar{y} = 570, \quad s_2^2 = \frac{2\ 400}{9},$$

因此 $s_w = \sqrt{\dfrac{9s_1^2 + 9s_2^2}{18}} = 22$. 查 t 分布表得

$$t_{0.025}(18) = 2.100\ 9,$$

所以

$$\bar{x} - \bar{y} \pm s_w \sqrt{\frac{1}{n_1} + \frac{1}{n_2}} t_{\frac{\alpha}{2}}(n_1 + n_2 - 2) = 600 - 570 \pm 22 \times \sqrt{\frac{1}{10} + \frac{1}{10}} \times 2.1009 = 30 \pm 21.$$

于是 $\mu_1 - \mu_2$ 的置信度为 0.95 的置信区间为 $(9, 51)$.

例 22 加工同一种零件的两台机床，分别加工 6 个零件和 9 个零件. 根据所测零件长度算得 $s_1^2 = 0.245, s_2^2 = 0.375$. 假定两台车床加工零件长度都服从正态分布. 试求两个总体方差比 $\dfrac{\sigma_1^2}{\sigma_2^2}$ 的置信度为 0.95 的置信区间.

解 由题意知，$n_1 = 6, n_2 = 9, \alpha = 0.05, s_1^2 = 0.245, s_2^2 = 0.375$. 查表得

$$F_{0.025}(5, 8) = 4.82, \quad F_{0.975}(5, 8) = \frac{1}{F_{0.025}(8, 5)} = \frac{1}{6.76}.$$

代入 $\dfrac{\sigma_1^2}{\sigma_2^2}$ 的置信度为 $1 - \alpha$ 的置信区间

$$\left(\frac{S_1^2 / S_2^2}{F_{\frac{\alpha}{2}}(n_1 - 1, n_2 - 1)}, \frac{S_1^2 / S_2^2}{F_{1 - \frac{\alpha}{2}}(n_1 - 1, n_2 - 1)} \right),$$

计算得

$$\frac{s_1^2 / s_2^2}{F_{\frac{\alpha}{2}}(n_1 - 1, n_2 - 1)} = 0.136, \quad \frac{s_1^2 / s_2^2}{F_{1 - \frac{\alpha}{2}}(n_1 - 1, n_2 - 1)} = 4.417,$$

故方差比 $\dfrac{\sigma_1^2}{\sigma_2^2}$ 的置信度为 0.95 的置信区间为 $(0.136, 4.417)$.

例 23 为了考察温度对某物体断裂强力的影响，在 70℃ 和 80℃ 条件下分别重复做了 8 次试验，测得断裂强力的数据为(单位:N):

70℃:20.5　18.8　19.8　20.9　21.5　19.5　21.0　21.2

80℃:17.7　20.3　20.0　18.8　19.0　20.1　20.2　19.1

假定在 70℃ 和 80℃ 条件下断裂强力分别服从正态分布 $N(\mu_1, \sigma_1^2)$ 和 $N(\mu_2, \sigma_2^2)$，μ_1,

$\mu_2, \sigma_1^2, \sigma_2^2$ 均未知,试求 $\dfrac{\sigma_1^2}{\sigma_2^2}$ 的置信度为 0.9 的置信区间.

解 以 X 表示 70℃ 下的断裂强力,Y 表示 80℃ 下的断裂强力,则 $X \sim N(\mu_1, \sigma_1^2)$,$Y \sim N(\mu_2, \sigma_2^2)$.

根据所给数据计算得

$$\overline{x} = 20.1,\ s_1^2 = 0.887\,5,$$
$$\overline{y} = 19.4,\ s_2^2 = 0.828\,6.$$

由题意得,$n_1 = 8, n_2 = 8, 1 - \alpha = 0.9$,故 $\alpha = 0.1, \dfrac{\alpha}{2} = 0.05, 1 - \dfrac{\alpha}{2} = 0.95$. 查 F 分布表得

$$F_{0.05}(7,7) = 3.79,\ F_{0.95}(7,7) = \frac{1}{F_{0.05}(7,7)} = \frac{1}{3.79} = 0.263\,9.$$

故方差比 $\dfrac{\sigma_1^2}{\sigma_2^2}$ 的置信度为 90% 的置信区间为

$$\left(\frac{0.887\,5/0.828\,6}{3.79}, \frac{0.887\,5/0.828\,6}{0.263\,9} \right) = (0.282\,1, 4.051\,2).$$

例 24 有一片某种型号的电容器,今从中随机抽取 10 个,测得其电容值(单位:μF)为

102.5　103.5　103.5　104.5　105.0　105.0　105.5　106.0　106.5　107.5

假设电容值 $T \sim N(\mu, \sigma^2)$,若 $\sigma^2 = 4$,求 μ 的置信度为 0.9 的单侧置信下限.

解 因为 $\dfrac{\overline{X} - \mu}{\sigma/\sqrt{n}} \sim N(0,1)$,于是有

$$P\left\{ \frac{\overline{X} - \mu}{\sigma/\sqrt{n}} < z_\alpha \right\} = 1 - \alpha,$$

即

$$P\left\{ \mu > \overline{X} - z_\alpha \frac{\sigma}{\sqrt{n}} \right\} = 1 - \alpha.$$

由题意得

$$n = 10,\ \alpha = 0.1,\ \overline{x} = 105.$$

查表得 $z_{0.1} = 1.28$,故 μ 的置信度为 0.9 的单侧置信下限为

$$\overline{X} - z_\alpha \frac{\sigma}{\sqrt{n}} = 105 - 1.28 \times \frac{2}{\sqrt{10}} = 104.19.$$

例 25 某车间生产的螺杆直径服从正态分布,今随机从中抽取 5 支测得直径为(单位:mm):

22.3　21.5　20.0　21.8　21.4

(1) 当 $\sigma = 0.3$ 时,求 μ 的置信度为 0.95 的置信区间;

(2) 当 σ 未知时,求 μ 的置信度为 0.95 的置信区间;

(3) 当 σ 未知时,求 μ 的置信度为 0.95 的置信上限和置信下限.

解 由题意知,$n = 5, \alpha = 0.05, \dfrac{\alpha}{2} = 0.025, \overline{x} = 21.4, s = 0.857$.

(1) 当 $\sigma = 0.3$ 时,$z_{\frac{\alpha}{2}} = z_{0.025} = 1.96$,总体均值 μ 的置信度为 0.95 的置信区间为

$$\left(\overline{x} - \frac{\sigma}{\sqrt{n}} z_{\frac{\alpha}{2}}, \overline{x} + \frac{\sigma}{\sqrt{n}} z_{\frac{\alpha}{2}} \right),$$

代入数据得 $(21.137, 21.663)$.

(2) 当 σ 未知时,μ 的置信度为 $1 - \alpha$ 的置信区间为

$$\left(\overline{x} - \frac{s}{\sqrt{n}} t_{\frac{\alpha}{2}}(n-1), \overline{x} + \frac{s}{\sqrt{n}} t_{\frac{\alpha}{2}}(n-1) \right).$$

查表得 $t_{0.025}(4) = 2.776\ 4$. 计算可得,μ 的置信度为 0.95 的置信区间是 $(20.335, 22.464\ 5)$.

(3) 当 σ 未知时,μ 的置信度为 0.95 的置信上限为 $\overline{x} - \dfrac{s}{\sqrt{n}} t_{\alpha}(n-1)$,置信下限为 $\overline{x} + \dfrac{s}{\sqrt{n}} t_{\alpha}(n-1)$. 此时,$t_{0.05}(4) = 2.131\ 8$. 代入数据得,置信上限为 22.217 3,置信下限为 20.582 7.

§7.3 练习题

一、选择题

1. 设总体 X 均值 μ 与方差 σ^2 都存在,且均为未知参数,而 $X_1, X_2, \cdots, X_n$ 是该总体的一个样本,$\overline{X}$ 为样本方差,则总体方差 σ^2 的矩估计量是( ).

(A) $\overline{X}$ (B) $\dfrac{1}{n} \sum\limits_{i=1}^{n} (X_i - \mu)^2$

(C) $\dfrac{1}{n-1} \sum\limits_{i=1}^{n} (X_i - \overline{X})^2$ (D) $\dfrac{1}{n} \sum\limits_{i=1}^{n} (X_i - \overline{X})^2$

2. 设 n 个随机变量 $X_1, X_2, \cdots, X_n$ 独立同分布,$DX_i = \sigma^2, \overline{X} = \dfrac{1}{n} \sum\limits_{i=1}^{n} X_i, S^2 = \dfrac{1}{n-1} \sum\limits_{i=1}^{n} (X_i - \overline{X})^2$,则( ).

(A) S 是 σ 的无偏估计量 (B) S 是 σ 的极大似然估计量

(C) S^2 是 σ^2 的一致(相合)估计量 (D) S 与 $\overline{X}$ 相互独立

3.设 $X_1, X_2, \cdots, X_n$ 是取自总体 $N(0, \sigma^2)$ 的样本,可以作为 σ^2 的无偏估计量的统计量是(　　).

(A) $\dfrac{1}{n} \sum\limits_{i=1}^{n} X_i^2$　　　　(B) $\dfrac{1}{n-1} \sum\limits_{i=1}^{n} X_i^2$　　(C) $\dfrac{1}{n} \sum\limits_{i=1}^{n} X_i$　　(D) $\dfrac{1}{n-1} \sum\limits_{i=1}^{n} X_i$

4.样本 $X_1, X_2, \cdots, X_n (n \geqslant 3)$ 取自总体 X,则下列估计量中,(　　)不是总体期望 μ 的无偏估计量.

(A) $\sum\limits_{i=1}^{n} X_i$　　　　　　　　　　(B) $\overline{X}$

(C) $0.1(6X_1 + 4X_n)$　　　　　　　(D) $X_1 + X_2 - X_3$

5.总体 $X \sim N(\mu, 1)$,参数 μ 未知,X_1, X_2, X_3 是取自总体 X 的一个样本,则 μ 的四个无偏估计中最有效的是(　　).

(A) $\dfrac{2}{3} X_1 + \dfrac{1}{3} X_2$　　　　　　　　(B) $\dfrac{1}{4} X_1 + \dfrac{1}{2} X_2 + \dfrac{1}{4} X_3$

(C) $\dfrac{1}{6} X_1 + \dfrac{5}{6} X_3$　　　　　　　　(D) $\dfrac{1}{3} X_1 + \dfrac{1}{3} X_2 + \dfrac{1}{3} X_3$

二、填空题

1.设总体 X 的密度函数为

$$f(x) = \begin{cases} \alpha x^{\alpha-1}, & 0 < x < 1, \\ 0, & \text{其他}, \end{cases}$$

其中 $\alpha > 0$ 为位置参数,$x_1, x_2, \cdots, x_n$ 是来自总体 X 的样本观测值,则样本的似然函数 $L(x_1, x_2, \cdots, x_n; \alpha) = $ _____.

2.设总体 X 的期望值 μ 和方差 σ^2 都存在,总体方差 σ^2 的无偏估计量是 $\dfrac{k}{n} \sum\limits_{i=1}^{n} (X_i - \overline{X})^2$,则 $k = $ _____.

3.已知一批零件的长度 X(单位:cm)服从正态分布,从中随机抽取 16 个零件,得到长度的平均值为 40 cm,则 μ 的置信度为 0.95 的置信区间是_____.

三、计算题和证明题

1.设总体 X 的概率密度函数为

$$f(x; \theta) = \begin{cases} \theta c^{\theta} x^{-(\theta+1)}, & x > c, \\ 0, & \text{其他}, \end{cases}$$

其中 $c > 0$ 为已知,$\theta > 1$,θ 为未知参数,试求参数 θ 的矩估计量.

2.设 $X_1, X_2, \cdots, X_n$ 是取自总体 X 的一个样本,X 的概率密度函数为

$$f(x; \theta) = \begin{cases} \dfrac{2x}{\theta^2}, & 0 < x < \theta, \\ 0, & \text{其他}, \end{cases}$$

其中 $\theta > 0$ 未知, 试求 θ 的矩估计量.

3. 设某电子元件的寿命 X 的概率密度函数为

$$f(x;\theta) = \begin{cases} 2e^{-2(x-\theta)}, & x > \theta, \\ 0, & x \leqslant \theta, \end{cases}$$

其中 $\theta > 0$ 是未知参数. 设 $X_1, X_2, \cdots, X_n$ 是取自 X 的一个样本, 求 θ 的极大似然估计量.

4. 已知总体 X 的密度函数为

$$f(x) = \begin{cases} (\theta+1)x^\theta, & 0 < x < 1, \\ 0, & \text{其他}, \end{cases}$$

其中 $\theta > -1$ 是未知参数, $X_1, X_2, \cdots, X_n$ 是简单随机样本, 分别用矩估计法和极大似然估计法求 θ 的估计量.

5. 设总体 X 的概率分布为

X	0	1	2	3
P	θ^2	$2\theta(1-\theta)$	θ^2	$1-2\theta$

其中 $\theta (0 < \theta < \dfrac{1}{2})$ 为未知参数, 现取得一组样本值 3,1,3,0,3,1,2,3, 求 θ 的矩估计值和极大似然估计值.

6. 设 $(X_1, X_2, \cdots, X_n)$ 是总体 X 的一个简单随机样本, $E(X) = \mu$. 证明:

$\dfrac{2}{n(n+1)} \displaystyle\sum_{i=1}^{n} iX_i$ 是未知参数 μ 的无偏估计.

7. 设总体 X 服从指数分布 $E(\lambda)$, 其中 $\lambda > 0$, 抽取样本 $X_1, X_2, \cdots, X_n$, 记 $\theta = \dfrac{1}{\lambda}$.

证明:

(1)虽然样本均值 $\overline{X}$ 是 θ 的无偏估计量, 但 $\overline{X}^2$ 却不是 θ^2 的无偏估计量;

(2)统计量 $\dfrac{n}{n+1} \overline{X}^2$ 是 θ^2 的无偏估计量.

8. 设总体, 若样本观察值为

$$6.54 \quad 8.20 \quad 6.88 \quad 9.02 \quad 7.56$$

分别在以下两种情况下求总体均值 μ 的置信度为 95% 的置信区间:

(1) 已知 $\sigma = 1.2$; (2)σ 未知.

9. 使用金球测定引力常数(单位:$10^{-11} \mathrm{m}^3 \cdot \mathrm{kg}^{-1} \cdot \mathrm{s}^{-2}$),测得观察值为

$$6.683 \quad 6.681 \quad 6.676 \quad 6.678 \quad 6.679 \quad 6.672$$

设测定值总体服从正态分布 $N(\mu, \sigma^2)$, μ, σ^2 均为未知参数, 试求 μ, σ^2 的置信度为 0.9 的置信区间.

10. 随机地从 A 批导线中抽取 4 根,又从 B 批导线中抽取 5 根,测得电阻(单位:Ω)如下:

A 批:0.143　0.142　0.143　0.137

B 批:0.140　0.142　0.136　0.138　0.140

设测定的数据分别来自分布 $N(\mu_1,\sigma^2)$ 和 $N(\mu_2,\sigma^2)$,且两样本相互独立,又 $\mu_1,\mu_2,$ σ^2 均未知,试求 $\mu_1-\mu_2$ 的置信度为 0.95 的置信区间.

11. 从甲、乙两厂生产的蓄电池中随机抽取一些样本,测得蓄电池的电容量(A·h)如下:

甲厂:144　141　138　142　141　143　138　137

乙厂:142　143　139　140　138　141　140　138　142　136

设两厂生产的蓄电池电容量分别服从正态分布 $N(\mu_1,\sigma_1^2)$ 和 $N(\mu_2,\sigma_2^2)$,两样本独立,求电容量的方差比 $\dfrac{\sigma_1^2}{\sigma_2^2}$ 的置信度为 0.95 的置信区间.

第八章　假设检验

§8.1　内容提要

一、假设检验的基本概念

1. 假设检验

对总体的分布类型或分布中的某些未知参数作出某种假设,然后根据所得的样本,运用统计分析的方法来检验这一假设是否正确. 从而作出接受假设或拒绝假设的判断,这种统计推断称为假设检验. 若总体分布已知,只对分布中未知参数提出假设并作检验,这种检验称为参数假设检验.

2. 假设检验的基本原理

小概率原理也称为实际推断原理. 即:小概率事件在一次试验中几乎不可能发生,在假设检验时,如果在一次试验中小概率事件发生了,则认为是不合理的,表明原假设不成立.

3. 假设检验的基本思想

假设检验的过程中采用了某种带有概率性质的反证法的思想,为检验我们提出的关于总体的某个假设是否成立,我们首先假定这个假设是成立的,看看由此会产生什么后果,然后根据一次抽样所得的样本观察值进行计算,若导致小概率事件发生,我们就拒绝这个假设;如果小概率事件没有发生,表明没有出现不合理的现象,则不能拒绝原来的假设.

4. 几个重要的名词

显著性水平　显著性水平即为小概率原理中的"小概率"的值,记为 α. α 的值并没有统一规定,通常人们根据实际问题的要求人为指定 α 的值,一般取 $\alpha = 0.1, 0.05,$ 0.01 等.

原假设 H_0 与备择假设 H_1　在假设检验中,为检验提出的关于总体的某个假设是否成立,首先假定这个假设是成立的,这个假定成立的假设称为原假设或零假设,记为 H_0,与之对立的结论称为备择假设(或对立假设)记为 H_1. 原假设与备择假设都是根据实际问题的需要以及相关的专业理论知识提出来的.

拒绝域　当根据一次抽样所得的样本观察值计算出的检验统计量的值落入某个区域 W 中时,小概率事件发生,这时拒绝原假设 H_0,称区域 W 为检验的拒绝域,拒绝域的边界称为临界点.当拒绝域位于检验统计量的密度曲线的两侧时,称为双侧假设检验或双边假设检验;当拒绝域位于同一侧时,称为单侧假设检验或单边假设检验.

5. 参数假设检验的基本步骤

(1) 由实际问题提出原假设 H_0 和备择假设 H_1;

(2) 选择适当的检验统计量,在 H_0 成立的条件下确定该统计量的分布;

(3) 对给定的显著性水平 α,确定 H_0 的拒绝域;

(4) 由样本观察值计算检验统计量的值;

(5) 作出结论,如果所计算出的检验统计量的值落入拒绝域中,则拒绝原假设 H_0,接受 H_1,否则接受 H_0.

6. 假设检验的两类错误

第一类错误　原假设 H_0 实际上是正确的,但在检验后却作出了拒绝 H_0 的判断,这时所犯的错误称为第一类错误,也称为弃真错误.犯第一类错误的概率即为显著性水平 α,即

$$P\{拒绝\ H_0 \mid H_0\ 为真\} = \alpha.$$

第二类错误　原假设 H_0 实际上是不正确的,但在检验后却作出了接受 H_0 的判断,这时所犯的错误称为第二类错误,也称为存伪错误.犯第二类错误的概率记为 β,即

$$P\{接受\ H_0 \mid H_0\ 为假\} = \beta.$$

当样本容量固定时,犯两类错误的概率 α 和 β 不可能同时减少,减少 α 则 β 增大,减少 β 则 α 增大,要使 α 与 β 都减少,除非增加样本容量.在给定样本容量的情况下,我们通常是控制犯第一类错误的概率,使它不大于某个指定值 α,这种只对 α 加以控制而不考虑 β 的大小的检验称为显著性检验.

7. 如何选取原假设的两条原则

在假设检验中,原假设 H_0 与备择假设 H_1 所处地位不同,犯两类错误所导致的后果的严重程度往往不一样.因此在一对对立假设中,选择哪一个作为原假设需十分慎重,在假设检验中,如何选取原假设 H_0 应遵循以下原则:

(1) 把传统的、保守的、维持原状的论断作为原假设(这条原则也称为原假设的惰性);

(2) 使后果严重的错误成为第一类错误,由此确定原假设 H_0.

二、单个正态总体的参数假设检验

设 $X_1, X_2, \cdots, X_n$ 是来自总体 $X \sim N(\mu, \sigma^2)$ 的样本,样本均值为 $\overline{X}$,样本方差为 S^2,显著性水平为 α.

1. 检验均值

(1) 总体方差 σ^2 已知，检验统计量为 $U = \dfrac{\overline{X} - \mu_0}{\dfrac{\sigma}{\sqrt{n}}} \sim N(0, 1)$：

① $H_0 : \mu = \mu_0 ; H_1 : \mu \neq \mu_0$ 的拒绝域为 $|U| > u_{\frac{\alpha}{2}}$；

② $H_0 : \mu \leqslant \mu_0 ; H_1 : \mu > \mu_0$ 的拒绝域为 $U > u_\alpha$；

③ $H_0 : \mu \geqslant \mu_0 ; H_1 : \mu < \mu_0$ 的拒绝域为 $U < -u_\alpha$.

(2) 总体方差 σ^2 未知，检验统计量为 $T = \dfrac{\overline{X} - \mu_0}{\dfrac{S}{\sqrt{n}}} \sim t(n-1)$：

① $H_0 : \mu = \mu_0 ; H_1 : \mu \neq \mu_0$ 的拒绝域为 $|T| > t_{\frac{\alpha}{2}}(n-1)$；

② $H_0 : \mu \leqslant \mu_0 ; H_1 : \mu > \mu_0$ 的拒绝域为 $T > t_\alpha(n-1)$；

③ $H_0 : \mu \geqslant \mu_0 ; H_1 : \mu < \mu_0$ 的拒绝域为 $T < -t_\alpha(n-1)$.

2. 检验方差

(1) 总体均值 μ 已知，检验统计量 $\chi^2 = \dfrac{1}{\sigma_0^2} \sum\limits_{i=1}^{n} (X_i - \mu)^2 \sim \chi^2(n)$：

① $H_0 : \sigma^2 = \sigma_0^2 ; H_1 : \sigma^2 \neq \sigma_0^2$ 的拒绝域为 $\chi^2 > \chi_{\frac{\alpha}{2}}^2(n)$ 或 $\chi^2 < \chi_{1-\frac{\alpha}{2}}^2(n)$；

② $H_0 : \sigma^2 \leqslant \sigma_0^2 ; H_1 : \sigma^2 > \sigma_0^2$ 的拒绝域为 $\chi^2 > \chi_\alpha^2(n)$；

③ $H_0 : \sigma^2 \geqslant \sigma_0^2 ; H_1 : \sigma^2 < \sigma_0^2$ 的拒绝域为 $\chi^2 < \chi_{1-\alpha}^2(n)$.

(2) 总体均值 μ 未知，检验统计量为 $\chi^2 = \dfrac{(n-1)S^2}{\sigma_0^2} \sim \chi^2(n-1)$：

① $H_0 : \sigma^2 = \sigma_0^2 ; H_1 : \sigma^2 \neq \sigma_0^2$ 的拒绝域为 $\chi^2 > \chi_{\frac{\alpha}{2}}^2(n-1)$ 或 $\chi^2 < \chi_{1-\frac{\alpha}{2}}^2(n-1)$；

② $H_0 : \sigma^2 \leqslant \sigma_0^2 ; H_1 : \sigma^2 > \sigma_0^2$ 的拒绝域为 $\chi^2 > \chi_\alpha^2(n-1)$；

③ $H_0 : \sigma^2 \geqslant \sigma_0^2 ; H_1 : \sigma^2 < \sigma_0^2$ 的拒绝域为 $\chi^2 < \chi_{1-\alpha}^2(n-1)$.

三、两个正态总体的参数假设检验

设 $X_1, X_2, \cdots, X_{n_1}$ 是来自正态总体 $X \sim N(\mu_1, \sigma_1^2)$ 的样本，样本均值 $\overline{X}$，样本方差 S_1^2；$Y_1, Y_2, \cdots, Y_{n_2}$ 是来自正态总体 $Y \sim N(\mu_2, \sigma_2^2)$ 的样本，样本均值 $\overline{Y}$，样本方差 S_2^2. X 与 Y 相互独立，样本联合方差为 $S_w^2 = \dfrac{(n_1-1)S_1^2 + (n_2-1)S_2^2}{n_1 + n_2 - 2}$.

1. 检验均值

(1) 方差 σ_1^2, σ_2^2 已知，检验统计量为 $U = \dfrac{(\overline{X} - \overline{Y}) - \delta}{\sqrt{\dfrac{\sigma_1^2}{n_1} + \dfrac{\sigma_2^2}{n_2}}} \sim N(0, 1)$：

① $H_0:\mu_1-\mu_2=\delta;H_1:\mu_1-\mu_2\neq\delta$ 的拒绝域为 $|U|>u_{\frac{a}{2}}$;

② $H_0:\mu_1-\mu_2\leqslant\delta;H_1:\mu_1-\mu_2>\delta$ 的拒绝域为 $U>u_a$;

③ $H_0:\mu_1-\mu_2\geqslant\delta;H_1:\mu_1-\mu_2<\delta$ 的拒绝域为 $U<-u_a$.

(2)方差 σ_1^2,σ_2^2 未知,但已知 $\sigma_1^2=\sigma_2^2$,检验统计量为 $T=\dfrac{(\overline{X}-\overline{Y})-\delta}{S_w\sqrt{\dfrac{1}{n_1}+\dfrac{1}{n_2}}}\sim t(n_1+n_2-2)$:

① $H_0:\mu_1-\mu_2=\delta;H_1:\mu_1-\mu_2\neq\delta$ 的拒绝域为 $|T|>t_{\frac{a}{2}}(n_1+n_2-2)$;

② $H_0:\mu_1-\mu_2\leqslant\delta;H_1:\mu_1-\mu_2>\delta$ 的拒绝域为 $T>t_a(n_1+n_2-2)$;

③ $H_0:\mu_1-\mu_2\geqslant\delta;H_1:\mu_1-\mu_2<\delta$ 的拒绝域为 $T<-t_a(n_1+n_2-2)$.

2. 检验方差

均值 μ_1,μ_2 未知,检验统计量为 $F=\dfrac{S_1^2}{S_2^2}\sim F(n_1-1,n_2-1)$.

(1) $H_0:\sigma_1^2=\sigma_2^2;H_1:\sigma_1^2\neq\sigma_2^2$ 的拒绝域为 $F>F_{\frac{a}{2}}(n_1-1,n_2-1)$ 或 $F<F_{1-\frac{a}{2}}(n_1-1,n_2-1)$;

(2) $H_0:\sigma_1^2\leqslant\sigma_2^2;H_1:\sigma_1^2>\sigma_2^2$ 的拒绝域为 $F>F_a(n_1-1,n_2-1)$;

(3) $H_0:\sigma_1^2\geqslant\sigma_2^2;H_1:\sigma_1^2<\sigma_2^2$ 的拒绝域为 $F<F_{1-a}(n_1-1,n_2-1)$.

四、成对数据的均值差检验

对于成对独立样本 $(X_i,Y_i),i=1,2,\cdots,n$,设
$$D_i=X_i-Y_i\sim N(\mu_D,\sigma_D^2),i=1,2,\cdots,n,$$
则 $D_1,D_2,\cdots,D_n$ 为总体 $N(\mu_D,\sigma_D^2)$ 的样本,因此检验总体均值归结为单个正态总体均值的检验.

§8.2　例题解析

例 1　已知某炼铁厂铁水含碳量服从正态分布 $N(4.55,0.108^2)$,现在测定了 9 种铁水,其平均含碳量为 4.84,若估计方差没有变化,可否认为现在生产的铁水平均含碳量仍为 4.55 $(a=0.05)$?

解　根据题意,提出假设 $H_0:\mu=\mu_0=4.55;H_1:\mu\neq\mu_0$.已知 $\sigma^2=0.108^2$,因此,在 H_0 成立的条件下,应选取检验统计量
$$U=\frac{\overline{X}-\mu_0}{\dfrac{\sigma}{\sqrt{n}}}\sim N(0,1).$$

由于

$$P\{\,|\,U\,|>u_{\frac{\alpha}{2}}\}=\alpha=0.05,$$

查标准正态分布表知 $u_{0.025}=1.96$，因此拒绝域为 $(-\infty,-1.96)\bigcup(1.96,+\infty)$.

将 $\overline{x}=4.84,n=9,\sigma_0=0.108$ 代入得

$$|\,U\,|=1.833<1.96,$$

不在拒绝域内，因此接受 H_0，即认为现在生产的铁水的平均含碳量仍为 4.55.

例 2 下面列出的某工厂随机选取的 20 只部件的装配时间（单位：min）：

9.8	10.4	10.6	9.6	9.7	9.9	10.9	11.1	9.6	10.2
10.3	9.6	9.9	11.2	10.6	9.8	10.5	10.1	10.5	9.7

设装配时间总体服从正态分布 $N(\mu,\sigma^2)$，μ,σ^2 均未知，是否可以认为装配时间的均值 μ 显著大于 10（取 $\alpha=0.05$）？

解 取 H_0 为维持原状，即 $H_0:\mu\leqslant 10;H_1:\mu>10$. 由于 σ 未知，采用检验统计量

$$T=\frac{\overline{X}-\mu_0}{\dfrac{S}{\sqrt{n}}}\sim t(n-1).$$

由

$$P\{T>t_\alpha(n-1)\}=\alpha=0.05,$$

查 t 分布表得 $t_{0.05}(19)=1.729\,1$，从而拒绝域为 $(1.729\,1,+\infty)$.

经计算得 $\overline{x}=10.2,s=0.509\,9$，代入

$$T=\frac{10.2-10}{\dfrac{0.509\,9}{\sqrt{20}}}=1.754.$$

由于 T 的值落在拒绝域中，因此拒绝 H_0，可以认为装配时间的均值显著大于 10.

例 3 某种产品的一项质量值标 $X\sim N(\mu,\sigma^2)$，在 5 次独立的测试中，测得数据（单位：cm）为：

$$1.23\quad 1.22\quad 1.20\quad 1.26\quad 1.23$$

在显著性水平 $\alpha=0.05$ 下：

(1) 可否认为该指标的数学期望 $\mu=1.23\,$cm；

(2) 若指标的标准差 $\sigma\leqslant 0.015$，是否可认为这次测试的标准差显著偏大.

解 (1) 提出假设 $H_0:\mu=1.23;H_1:\mu\neq 1.23$.

当 H_0 为真时，检验统计量

$$T=\frac{\overline{X}-\mu_0}{\dfrac{S}{\sqrt{n}}}\sim t(n-1).$$

由

$$P\{\mid T\mid > t_{\frac{\alpha}{2}}(n-1)\} = \alpha = 0.05,$$

查表得 $t_{0.025}(4) = 2.7764$，因此拒绝域为 $(-\infty, -2.7764)\bigcup(2.7764, +\infty)$.

由样本值经计算得 $\bar{x} = 1.228, s = 0.0217$，代入得

$$T = \left|\frac{1.228 - 1.23}{\frac{0.0217}{\sqrt{5}}}\right| \approx 0.206.$$

T 不在拒绝域内，因此接受 H_0，可以认为该指标的数学期望 $\mu = 1.23$ cm.

(2)提出假设 $H_0 : \sigma^2 \leqslant 0.015^2 ; H_1 : \sigma^2 > 0.015^2$.

当 H_0 为真时，检验统计量

$$\chi^2 = \frac{(n-1)S^2}{\sigma_0^2} \sim \chi^2(n-1).$$

由

$$P\{\chi^2 > \chi_\alpha^2(n-1)\} = \alpha = 0.05,$$

查表得 $\chi_\alpha^2(n-1) = \chi_{0.05}^2(4) = 9.488$，因此拒绝域为 $(9.488, +\infty)$. 由于

$$\chi^2 = \frac{4\times 0.0217^2}{0.015^2} \approx 8.356$$

不在拒绝域内，因此接受 H_0，即认为这次测试的标准差 $\sigma \leqslant 0.015$.

例4　某炼铁厂铁水的含碳量在正常情况下服从方差为 0.112^2 的正态分布，现操作工艺发生了改变，从改变工艺后的铁水中抽出了7炉，测得含碳量数据(单位：kg)为：

$$4.421\quad 4.052\quad 4.357\quad 4.294\quad 4.326\quad 4.287\quad 4.683$$

试问：是否可以认为新工艺炼出的铁水的含碳量的方差仍为 $0.112^2(\alpha = 0.05)$.

解　提出假设 $H_0 : \sigma^2 = 0.112^2 ; H_1 : \sigma^2 \neq 0.112^2$.

当 H_0 为真时，

$$\chi^2 = \frac{(n-1)S^2}{\sigma_0^2} \sim \chi^2(n-1).$$

由

$$P\left\{[\chi^2 < \chi_{1-\frac{\alpha}{2}}^2(n-1)]\bigcup[\chi^2 > \chi_{\frac{\alpha}{2}}^2(n-1)]\right\} = \alpha = 0.05,$$

查表得 $\chi_{\frac{\alpha}{2}}^2(n-1) = \chi_{0.025}^2(6) = 14.449, \chi_{1-\frac{\alpha}{2}}^2(n-1) = \chi_{0.975}^2(6) = 1.237$，因此拒绝域为 $(0, 1.237)\bigcup(14.449, +\infty)$.

由样本值，经计算 $\bar{x} = 4.36, s^2 = 0.0351$，从而有

$$\chi^2 = \frac{6\times 0.0351}{0.112^2} = 16.1789 > 14.449.$$

因此拒绝 H_0，接受 H_1，即认为新工艺炼出的铁水的含碳量的方差发生了显著变化.

例5　两家工商银行分别对21个储户和16个储户的年存款余额进行抽样调查，测得其年平均存款余额分别为 $\bar{x} = 2600$ 元和 $\bar{y} = 2700$ 元，样本标准差相应为 $s_1 = 81$ 和

$s_2 = 105$,假设年存款余额服从正态分布,试比较两家银行的储户的年平均存款余额有无显著差异($\alpha = 0.10$).

解 要检验 $\mu_1 = \mu_2$,由于未知方差,因此必须先检验方差是否相等.

(1) $H_0 : \sigma_1^2 = \sigma_2^2 ; H_1 : \sigma_1^2 \neq \sigma_2^2$.

选取检验统计量

$$F = \frac{S_1^2}{S_2^2} \sim F(n_1 - 1, n_2 - 1).$$

拒绝域为 $F < F_{0.95}(20, 15)$ 或 $F > F_{0.05}(20, 15)$,查表得

$$F_{0.05}(20, 15) = 2.33, \quad F_{0.95}(20, 15) = \frac{1}{F_{0.05}(15, 20)} = \frac{1}{2.20} \approx 0.45.$$

计算得 $F = \dfrac{S_1^2}{S_2^2} = \dfrac{81^2}{105^2} = 0.595\ 1$,不在拒绝域内,因此接受 H_0,即可以认为 $\sigma_1^2 = \sigma_2^2$.

(2) 提出假设 $H_0 : \mu_1 = \mu_2 ; H_1 : \mu_1 \neq \mu_2$.

当 H_0 为真时,选取检验统计量

$$T = \frac{\overline{X} - \overline{Y}}{S_w \sqrt{\dfrac{1}{n_1} + \dfrac{1}{n_2}}} \sim t(n_1 + n_2 - 2),$$

其中 $S_w^2 = \dfrac{(n_1 - 1)S_1^2 + (n_2 - 1)S_2^2}{n_1 + n_2 - 2}$,拒绝域为 $|T| > t_{\frac{\alpha}{2}}(n_1 + n_2 - 2)$,查表得

$$t_{\frac{\alpha}{2}}(n_1 + n_2 - 2) = t_{0.05}(35) = 1.689\ 6.$$

计算 T 的值,得

$$|T| = \frac{100}{95.46 \sqrt{\dfrac{1}{20} + \dfrac{1}{15}}} = 3.067 > 1.689\ 6.$$

故拒绝 H_0,即认为两家银行客户的平均年存款余额有显著差异.

例 6 同一型号的两台车床加工同一规格的零件,分别抽取 n_1 和 n_2 个零件,其中 $n_1 = 6, n_2 = 9$ 测得各零件的质量指标数值分别为 $x_1, \cdots, x_6$ 及 $y_1, \cdots, y_9$,并计算得到

$$\sum_{i=1}^{6} x_i = 204.6, \quad \sum_{i=1}^{6} x_i^2 = 6\ 978.93, \quad \sum_{i=1}^{9} y_i = 370.8, \quad \sum_{i=1}^{9} y_i^2 = 15\ 280.17.$$

假设零件的质量指标服从正态分布,在显著性水平 $\alpha = 0.10$ 下,试问两台机床加工的精度有无显著差异?

解 设甲乙两车床加工的零件质量指标分别为 X, Y 且 $X \sim N(\mu_1, \sigma_1^2), Y \sim N(\mu_2, \sigma_2^2)$,检验假设

$$H_0 : \sigma_1^2 = \sigma_2^2 ; H_1 : \sigma_1^2 \neq \sigma_2^2.$$

当 H_0 为真时,采用统计量

$$F = \frac{S_1^2}{S_2^2} \sim F(n_1 - 1, n_2 - 1).$$

拒绝域为 $F > F_{\frac{\alpha}{2}}(n_1 - 1, n_2 - 1)$ 或 $F < F_{1 - \frac{\alpha}{2}}(n_1 - 1, n_2 - 1)$，查表得

$$F_{\frac{\alpha}{2}}(n_1 - 1, n_2 - 1) = F_{0.05}(5, 8) = 3.69,$$

$$F_{1 - \frac{\alpha}{2}}(n_1 - 1, n_2 - 1) = F_{0.95}(5, 8) = \frac{1}{F_{0.05}(8, 5)} = 0.21.$$

由于

$$(n_1 - 1)s_1^2 = \sum_{i=1}^{6} (x_i - \bar{x})^2 = \sum_{i=1}^{6} x_i^2 - \frac{1}{6} \left(\sum_{i=1}^{6} x_i \right)^2 = 2.07,$$

$$(n_2 - 1)s_2^2 = \sum_{i=1}^{9} (y_i - \bar{y})^2 = \sum_{i=1}^{9} y_i^2 - \frac{1}{9} \left(\sum_{i=1}^{9} y_i \right)^2 = 3.21,$$

因此

$$F = \frac{S_1^2}{S_2^2} = \frac{\frac{2.07}{5}}{\frac{3.21}{8}} = 1.03$$

不在拒绝域内，故接受 H_0，可以认为两车床加工精度没有显著差异.

例 7　为了试验两种不同的谷物种子的优劣，选取了 10 块土质不同的土地，并将每块土地分为面积相同的两部分，分别种植这两种种子，设在每块土地的两部分中人工管理等条件完全一样，下面给出各块土地上的产量如下：

土地	1	2	3	4	5	6	7	8	9	10
种子 $A(x_i)$	23	35	29	42	39	29	37	34	35	28
种子 $B(y_i)$	26	39	35	40	36	24	36	27	41	27

设 $D_i = X_i - Y_i (i = 1, 2, \cdots, 10)$ 来自正态总体，问以这两种种子种植的谷物的产量是否有显著的差异 $(\alpha = 0.05)$？

解　本题属于成对数据的假设检验，由题意 $D_i \sim N(\mu_D, \sigma_D^2)$，$\mu_D, \sigma_D^2$ 均未知，检验假设：

$$H_0 : \mu_D = 0; H_1 : \mu_D \neq 0.$$

当 H_0 为真时，检验统计量为

$$T = \frac{\bar{D}}{\frac{S_D}{\sqrt{n}}} \sim t(n - 1).$$

H_0 的拒绝域为 $|T| > t_{\frac{\alpha}{2}}(n - 1) = t_{0.025}(9) = 2.2622$，经计算得 $\bar{D} = 1.8$，$S_D = 5.8272$，代入检验统计量，得

$$|T| = 0.976\ 8 < 2.262\ 2.$$

因此接受 H_0，即这两种种子种植的谷物的产量无显著差异.

§8.3 练习题

1.已知某地早稻亩产量 $X \sim N(\mu,\sigma^2)$，收割前根据长势估计平均亩产为 310 kg，收割时，随机抽取了 10 块地，测出每块的实际亩产量，计算得平均亩产为 320 kg，试问收割前所估产量是否正确$(\alpha=0.05)$？

2.测定某批矿砂的 5 个样品中的镍含量(%)，经计算得 $\bar{x}=3.252,s=0.013$，设测定值总体服从正态分布，但期望、方差均未知.问在 $\alpha=0.01$ 下能否认为这批矿砂的镍含量的均值为 3.25？

3.从某电工器材厂生产的一批保险丝中抽取 10 根，测试其熔化时间，得到数据如下：

$$42\quad 65\quad 75\quad 78\quad 71\quad 59\quad 57\quad 68\quad 55\quad 54$$

经计算得样本方差 $s^2 = 11.04^2$，设这批保险丝的熔化时间服从正态分布，检验总体方差 σ^2 是否等于 12^2(取 $\alpha=0.05$)？

4.某香烟厂生产两种香烟，独立地随机抽取容量大小相同的烟叶标本，测量尼古丁含量的毫克数，实验室分别做了 6 次测定，数据记录如下：

$$甲\quad 25\quad 28\quad 23\quad 26\quad 29\quad 22$$
$$乙\quad 28\quad 23\quad 30\quad 25\quad 21\quad 27$$

假定两种香烟的尼古丁含量都服从正态分布且方差相等，试问这两种香烟的尼古丁含量有无显著差异 $(\alpha=0.05)$？

5.从锌矿的东西两支矿脉中，各抽取容量分别为 9 和 8 的样本分析后，计算得其样本含锌(%)的平均值与方差分别为

$$东支：\bar{x}=0.230,s_1^2=0.133\ 7,n_1=9$$
$$西支：\bar{y}=0.269,s_2^2=0.173\ 6,n_2=9$$

若东西两支矿脉含锌量都服从正态分布，问两支矿脉的含锌量能否认为服从同一正态分布 $(\alpha=0.05)$？

6.一个混杂的小麦品种，群体株高标准差 $\sigma_0=14$ cm，经两代提纯后随机抽取 10 株，测得他们的株高分别为 90,105,101,95,100,100,101,105,93,97.试问提纯后的群体株高是否比原混杂群体株高整齐，即提纯后群体株高方差 $\sigma^2 \leqslant \sigma_0^2$(假设株高服从正态分布，$\alpha=0.01$)？

7. 调查 A、B 两个渔场的马鲛鱼的体长,各调查 20 条,平均体长分别为 $\bar{x}=19.8$ cm, $\bar{y}=18.5$ cm,已知两个渔场的马鲛鱼的体长均服从方差为 7.2^2 的正态分布,问在显著性水平 $\alpha=0.05$ 下,A 渔场的马鲛鱼体长是否显著高于 B 渔场的马鲛鱼体长?

8. 用老工艺生产的农业机械零件的尺寸方差较大,抽查了 25 个,得样本方差 $s_1^2=6.27$,现改用新工艺生产,抽查 25 个零件,得样本方差 $s_2^2=3.19$,假设对于两种生产过程,零件的尺寸均服从正态分布,问:新工艺的精度是否比老工艺的精度显著地好($\alpha=0.05$).

练习题答案

第一章

1. $\dfrac{7}{12}$　2. 略　3. $\dfrac{1}{12}$　4. $\dfrac{15}{28}$　5. $\dfrac{8}{15}$　6. $\dfrac{3}{4}$

7. $P(A)=P(B)=P(C)=\dfrac{1}{27}$, $P(D)=P(E)=P(F)=\dfrac{8}{27}$, $P(G)=\dfrac{1}{9}$, $P(H)=\dfrac{2}{9}$, $P(I)=\dfrac{8}{9}$

8. 0.007 3　9. 0.24　10. $\dfrac{1}{9}$　11. $\dfrac{18}{35}$

12. $\dfrac{3}{8}$　13. 略　14. 0.81　15. 略

16. (1) 0.3　(2) 0.5　17. (1) 0.56　(2) 0.24　(3) 0.14　(4) 0.94

18. (1) 0.188　(2) 0.212　(3) 0.976

19. 甲先投中的概率较大　20. 0.596 8

21. 0.42　0.58×0.42　$0.58^{m-1}\times0.42$

22. (1) $1-p_1 p_2 \cdots p_n$　(2) $\displaystyle\prod_{i=1}^{n}(1-p_i)$　(3) $\displaystyle\sum_{i=1}^{n}\Big[p_i\prod_{\substack{i=1\\i\neq j}}^{n}(1-p_j)\Big]$

23. 0.976　24. 12　25. (1) 0.016 8　(2) 0.155 7　(3) 0.858 7

26. 0.034 5　27. 0.514

28. (1) 0.11　(2) 0.636 4　0.363 6　29. $\dfrac{9}{22}$

30. 0.323 1　31. 3.5‰　32. 0.24

33. $n\geqslant 29$　34. 0.409 6　35. 0.488

第二章

1. X 的分布律为

X	2	3	4	5	6	7	8	9	10	11	12
P	$\frac{1}{36}$	$\frac{2}{36}$	$\frac{3}{36}$	$\frac{4}{36}$	$\frac{5}{36}$	$\frac{6}{36}$	$\frac{5}{36}$	$\frac{4}{36}$	$\frac{3}{36}$	$\frac{2}{36}$	$\frac{1}{36}$

Y 的分布律为

Y	1	2	3	4	5	6
P	$\frac{11}{36}$	$\frac{9}{36}$	$\frac{7}{36}$	$\frac{5}{36}$	$\frac{3}{36}$	$\frac{1}{36}$

2. (1) $C = 3$ (2) $P\{1 \leqslant X \leqslant 3\} = 0.6$ (3) $P\{0.5 < X < 2.5\} = 0.4$

3. (1) X 的分布律为 $P\{X = k\} = \dfrac{C_{10}^k C_{90}^{5-k}}{C_{100}^5}$, $k = 0,1,2,3,4,5$ (2) 0.416

4. (1) $\dfrac{32}{243}$ (2) $\dfrac{11}{243}$

5. (1) 0.320 8   (2) 0.243 0

6. (1) $P\{X = 0\} \approx e^{-2} \approx 0.135\ 3$ $P\{X = 1\} \approx 2e^{-2} \approx 0.270\ 7$

$P\{X = 2\} \approx 2e^{-2} \approx 0.270\ 7$ $P\{X = 3\} \approx \dfrac{4}{3}e^{-2} \approx 0.180\ 4$

(2) $P\{X \geqslant 1\} \approx 1 - e^{-2} \approx 0.864\ 7$

7. $\dfrac{2}{3}e^{-2}$ 8. $\dfrac{\ln 2}{2}$ 9. 0.030 2   10. 0.5   11. 9   12. $\dfrac{1}{4}, \dfrac{1}{16}$

13. (1) $a = 1, b = -1$ (2) $f(x) = \begin{cases} x e^{-\frac{x^2}{2}}, & x > 0 \\ 0, & x \leqslant 0 \end{cases}$

14. (1) $\dfrac{\pi}{4}$ (2) $f(x) = \begin{cases} \dfrac{\pi}{4} \cos \dfrac{\pi}{4} x, & 0 < x \leqslant 2 \\ 0, & \text{其他} \end{cases}$

15. (1) $k = 1$ (2) 0.75   (3) $F(x) = \begin{cases} 0, & x < -1 \\ 0.5x^2 + x + 0.5, & -1 \leqslant x < 0 \\ -0.5x^2 + x + 0.5, & 0 \leqslant x < 1 \\ 1, & x \geqslant 1 \end{cases}$

16. (1) $A = 0.5$ (2) $F(x) = \begin{cases} 0.5e^x, & x < 0 \\ 1 - 0.5e^{-x}, & x \geqslant 0 \end{cases}$

17. (1) $\dfrac{1}{2}$ (2) $F(x) = \begin{cases} 0, & x < 0 \\ \sqrt{x}, & 0 \leqslant x < 1 \\ 1, & x \geqslant 1 \end{cases}$ (3) $\dfrac{\sqrt{2}}{2}$

18. $a = -\dfrac{3}{2}$, $b = \dfrac{7}{4}$

19. (1) 1   (2) $f(x) = \begin{cases} e^{-x}, & x \geqslant 0 \\ 0, & x < 0 \end{cases}$ (3) $e^{-1} - e^{-3}$

20. $\dfrac{232}{243}$ 21. $a = \dfrac{5}{3}$ 或 $a = \dfrac{7}{3}$

22.

$X^2 + 1$	1	2	5
p_k	0.25	0.5	0.25

23. $f_Y(y) = \begin{cases} \dfrac{1}{\sqrt{2\pi}\,y} e^{-y/2}, & y > 0 \\ 0, & \text{其他} \end{cases}$

24. (1) $f_Y(y) = \begin{cases} \dfrac{1}{\pi}, & -\dfrac{\pi}{2} < y < \dfrac{\pi}{2} \\ 0, & \text{其他} \end{cases}$

(2) $f_Z(z) = \dfrac{3(1-z)^2}{\pi[1 + (1-z)^6]}$ $(-\infty < z < \infty)$

第三章

1. $a = \dfrac{5}{3}$ 或 $a = \dfrac{7}{3}$

2.

Z	0	1
P	0.25	0.75

3. $\dfrac{5}{7}$ 4. $p + q = \dfrac{7}{30}$ $\dfrac{1}{10}$ $\dfrac{2}{15}$

5.

X \ Y	0	1	2	3
0	0	0	3/35	2/35
1	0	6/35	12/35	2/35
2	1/35	6/35	3/35	0

6.

X \ Y	1	2	3	4	5	6
1	1/36	1/36	1/36	1/36	1/36	1/36
2	0	2/36	1/36	1/36	1/36	1/36
3	0	0	3/36	1/36	1/36	1/36
4	0	0	0	4/36	1/36	1/36
5	0	0	0	0	5/36	1/36
6	0	0	0	0	0	6/36

X	1	2	3	4	5	6
P	1/6	1/6	1/6	1/6	1/6	1/6

Y	1	2	3	4	5	6
P	1/36	3/36	5/36	7/36	9/36	11/36

7.

Y_1 \ Y_2	0	1
0	$1-e^{-1}$	0
1	$e^{-1}-e^{-2}$	e^{-2}

8. (1) $k = \dfrac{1}{36}$　(2) $\dfrac{5}{12}$　(3) $\dfrac{5}{6}$　(4) $\dfrac{1}{6}$

(5) $P\{Y = 1 \mid X = 1\} = \dfrac{1}{6}, P\{Y = 2 \mid X = 1\} = \dfrac{1}{3}, P\{Y = 3 \mid X = 1\} = \dfrac{1}{2}$

$P\{X = 1 \mid Y = 2\} = \dfrac{1}{6}, P\{X = 2 \mid Y = 2\} = \dfrac{1}{3}, P\{X = 3 \mid Y = 2\} = \dfrac{1}{2}$

(6) X 与 Y 独立

9. (1)

X \ Y	1	2	3
−3	0.1	0.05	0.1
−2	0.1	0.05	0.1
−1	0.2	0.1	0.2

(2)

$2X+Y$	-5	-4	-3	-2	-1	0	1
P	0.1	0.05	0.2	0.05	0.3	0.1	0.2

10. (1)

X＼Y	-1	1
-1	$\dfrac{1}{8}$	0
1	$\dfrac{6}{8}$	$\dfrac{1}{8}$

(2)

$$F(x,\ y)=\begin{cases} 0, & \text{若 } x<-1 \text{ 或 } y<-1 \\[2mm] \dfrac{1}{8}, & \text{若 } -1\leqslant x<1, y\geqslant-1 \\[2mm] \dfrac{7}{8}, & \text{若 } x\geqslant 1, -1\leqslant y<1 \\[2mm] 1, & \text{若 } x\geqslant 1, y\geqslant 1 \end{cases}$$

11. (1) $F(x,\ y)=\begin{cases}(1-\mathrm{e}^{-2x})(1-\mathrm{e}^{-y}), & x>0, y>0 \\ 0, & \text{其他}\end{cases}$ (2) e^{-3}

12. $f_X(x)=\begin{cases}\mathrm{e}^{-x}, & x>0 \\ 0, & x\leqslant 0\end{cases}$, $f_Y(y)=\begin{cases}\dfrac{1}{(1+y)^2}, & y>0 \\ 0, & y\leqslant 0\end{cases}$

13. (1) 0.5

(2) $f_X(x)=\begin{cases}6(x-x^2), & 0<x<1 \\ 0, & \text{其他}\end{cases}$, $f_Y(y)=\begin{cases}6(\sqrt{y}-y), & 0<y<1 \\ 0, & \text{其他}\end{cases}$

14. $\dfrac{2}{3}\left(\dfrac{\pi}{6}+\dfrac{\sqrt{3}}{4}\right)\approx 0.6377$. 于是,点 (X, Y) 落到圆 $x^2+y^2\leqslant 4$ 上的概率近似等于 0.64

15. $f(x,y)=\begin{cases}\dfrac{1}{8}, & (x,\ y)\in G \\ 0, & (x,\ y)\notin G\end{cases}$

$$f_X(x)=\begin{cases}\dfrac{2+x}{4}, & -2\leqslant x\leqslant 0 \\[2mm] \dfrac{2-x}{4}, & 0<x\leqslant 2 \\[2mm] 0, & \text{其他}\end{cases}$$
$$f_Y(y)=\begin{cases}\dfrac{2+y}{4}, & -2\leqslant y\leqslant 0 \\[2mm] \dfrac{2-y}{4}, & 0<y\leqslant 2 \\[2mm] 0, & \text{其他}\end{cases}$$

16. $f_X(x) = \begin{cases} \dfrac{3}{32}(4 - x^2), & -2 \leqslant x \leqslant 2 \\ 0, & \text{其他} \end{cases}$ $\quad f_Y(y) = \begin{cases} \dfrac{3}{16}\sqrt{y}, & 0 \leqslant y \leqslant 4 \\ 0, & \text{其他} \end{cases}$

17. (1) $f_X(x) = \begin{cases} \dfrac{6}{7}(2x^2 + x), & 0 < x < 1 \\ 0, & \text{其他} \end{cases}$ $\quad$ (2) $\dfrac{15}{56}$ $\quad$ (3) $\dfrac{13}{20}$

18. 选(D)

19. (1) $\alpha = 1 - 2e^{-1} + e^{-2} \approx 0.135\,3$

20. X 和 Y 不独立 $\quad\quad$ 21. X 和 Y 不独立 $\quad\quad$ 22. (1) $c = \dfrac{21}{4}$ $\quad$ (2) X 和 Y 不独立

23. (1) $f(x, y) = \begin{cases} e^{-2x}, & 0 < x,\ 0 < y < 2 \\ 0, & \text{其他} \end{cases}$ $\quad$ (2) $1 - \dfrac{1}{4}(e^{-2} - e^{-6})$ $\quad\quad$ 24. 略

25. (1) $C = \dfrac{1}{2}$ $\quad$ (2) $f_{Y|X}(y \mid x) = \begin{cases} \dfrac{\sin(x + y)}{\cos x + \sin x}, & 0 \leqslant y \leqslant \dfrac{\pi}{2} \\ 0, & \text{其他} \end{cases}$

26. 当 $|y| < 1$ 时，$f_{X|Y}(x \mid y) = \begin{cases} \dfrac{1}{1 - |y|}, & |y| < x < 1 \\ 0, & x \text{ 取其他值} \end{cases}$

当 $0 < x < 1$ 时，$f_{Y|X}(y \mid x) = \begin{cases} \dfrac{1}{2x}, & |y| < x \\ 0, & y \text{ 取其他值} \end{cases}$

27. $A = \dfrac{1}{\pi}$, $f_{Y|X}(y \mid x) = \dfrac{1}{\sqrt{\pi}}e^{-(x-y)^2}$ $\quad\quad$ 28. $f(z) = \begin{cases} 2(2 - z), & 1 \leqslant z \leqslant 2 \\ 0, & \text{其他} \end{cases}$

29. $f_Z(z) = F'_Z(z) = \begin{cases} z^2, & 0 \leqslant z \leqslant 1 \\ 2z - z^2, & 1 < z \leqslant 2 \\ 0, & \text{其他} \end{cases}$ $\quad\quad$ 30. $f_Z(z) = \begin{cases} ze^{-z}, & z > 0 \\ 0, & z \leqslant 0 \end{cases}$

31. $f_Z(z) = \begin{cases} \lambda(e^{-\frac{\lambda z}{2}} - e^{-\lambda z}), & z > 0 \\ 0, & z \leqslant 0 \end{cases}$ $\quad\quad$ 32. 略

第四章

一、填空题

1. 8 $\quad\quad$ 2. 0 $\quad\quad$ 3. 9 $\quad\quad$ 4. 25 $\quad\quad$ 5. $\geqslant \dfrac{8}{9}$

二、单项选择题

1. B   2. D   3. C   4. B   5. C   6. D

三、计算题

1.

X	1	2	3
P	6/10	3/10	1/10

，$EX = 15/10 = 3/2, DX = 9/20$

2. $\dfrac{25}{16}$ 3. 服从 $X \sim B\left(4, \dfrac{1}{4}\right)$ 分布；$0.05 \times 10 = 0.5(\text{h})$

4. (1) $\dfrac{n+1}{2}$ (2) n 5. $E(X) = \dfrac{k}{p}, D(X) = \dfrac{k(1-p)}{p^2}$ 6. 1   7. 1 500

8. $\alpha\beta, \alpha\beta^2$ 9. ≈ 12.7 10. (1) $a = \dfrac{3}{5}, b = \dfrac{6}{5}$ (2) $\dfrac{2}{25}$ 11. 2

12. (1) 2   (2) $\dfrac{1}{3}$ 13. $\dfrac{4}{5}, \dfrac{3}{5}, \dfrac{1}{2}, \dfrac{16}{15}$ 14. 45(V)

15. (1) $E(Y) = 7, D(Y) = 37.25$ (2) $Z_1 \sim N(2\,080, 4\,225), Z_2 \sim N(80, 1\,525),$
$P\{X > Y\} = \Phi(2.048\,6) = 0.979\,8, P\{X+Y > 1\,400\} = 1 - \Phi(1.02) = 0.153\,9$

16. (1) $\dfrac{3}{4}, \dfrac{5}{8}$ (2) $\dfrac{1}{8}$ 17. 0.012 5, 0.050 4   18. 0,0   19. 略

20. $\dfrac{\alpha^2 - \beta^2}{\alpha^2 + \beta^2}$ 21. (1) $a = 3$ 时，$\min E(W) = 108$ (2)略   22. 略

第五章

1. 0.952   2. 0.010 4   3. $n = 1\,537$ 4. 0.211 9   5. 0.65   6. 62
7. 0.107 5   8. (1) 0.180 2   (2) 443   9. (1) 0.000 3   (2) 0.5
10. (1) 0.896 8   (2) 0.749 8

第六章

一、单项选择题

1. B   2. C   3. D   4. B   5. D   6. C

二、填空题

1. 0.5   2. $1 - 2\alpha$ 3. $\dfrac{9}{4}$；$F(1,1)$

三、计算题

1. 12.92   9.65   8.15   17.23   2. (1) 0.94   (2) 0.895

3. $n = 153\,7$ 4. 0.056   5. $t(3)$

6. (1) $t(n)$ (2) $F(n, n)$ 7. $t(n-1)$ 8. $a = \dfrac{1}{2}, b = \dfrac{1}{3}$

9. $\chi^2(m+n-2)$ 10. 96   11. (1)0.025   (2)0.925

第七章

一、选择题

1. D   2. C   3. A   4. A   5. D

二、填空题

1. $\alpha^n \prod\limits_{i=1}^{n} x_i^{\alpha-1}$ 2. $k = \dfrac{n}{n-1}$ 3. $(39.51, 40.49)$

三、计算题和证明题

1. $\hat{\theta} = \dfrac{\overline{X}}{\overline{X} - c}$

2. $\hat{\theta} = \dfrac{3}{2}\overline{X}$

3. $\hat{\theta} = X_{(1)} = \min\{X_1, X_2, \cdots, X_n\}$

4. $\hat{\theta} = \dfrac{2\overline{X} - 1}{1 - \overline{X}}, \hat{\theta} = -1 - \dfrac{n}{\sum\limits_{i=1}^{n} \ln X_i}$

5. $\hat{\theta} = \dfrac{1}{4}, \hat{\theta} = \dfrac{7 - \sqrt{13}}{12}$

6. 提示:利用无偏性定义

7. 提示:利用无偏性定义

8. $(6.588, 8.692), (6.395, 8.885)$

9. $(6.675, 6.681)$ $(6.764 \times 10^{-6}, 6.54 \times 10^{-5})$

10. $(-0.002, 0.006)$

11. $(0.328, 6.654)$

第八章

1. 所估产量不正确

2. 可以认为这批矿砂的镍含量的均值为 3.25

3. 可以认为总体方差 σ^2 等于 12^2

4. 两种香烟的尼古丁含量无显著差异

5. 可以认为服从同一正态分布

6. 经两代提纯后群体株高明显比原混杂群体株高整齐

7. A 渔场的马鲛鱼体长并不比 B 渔场的长

8. 新工艺的精度显著地比老工艺高

模拟试卷及解答

模拟试卷一

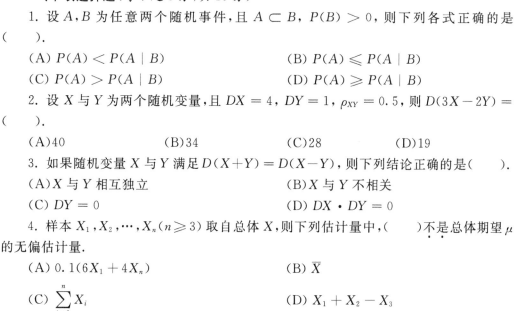

一、单项选择题(每小题 3 分,共 15 分)

1. 设 A,B 为任意两个随机事件,且 $A \subset B$,$P(B) > 0$,则下列各式正确的是( ).

(A) $P(A) < P(A \mid B)$　　　　　　(B) $P(A) \leqslant P(A \mid B)$

(C) $P(A) > P(A \mid B)$　　　　　　(D) $P(A) \geqslant P(A \mid B)$

2. 设 X 与 Y 为两个随机变量,且 $DX = 4$,$DY = 1$,$\rho_{XY} = 0.5$,则 $D(3X - 2Y) =$( ).

(A)40　　　　　　(B)34　　　　　　(C)28　　　　　　(D)19

3. 如果随机变量 X 与 Y 满足 $D(X+Y) = D(X-Y)$,则下列结论正确的是( ).

(A)X 与 Y 相互独立　　　　　　(B)X 与 Y 不相关

(C) $DY = 0$　　　　　　(D) $DX \cdot DY = 0$

4. 样本 $X_1,X_2,\cdots,X_n (n \geqslant 3)$ 取自总体 X,则下列估计量中,( )不是总体期望 μ 的无偏估计量.

(A) $0.1(6X_1 + 4X_n)$　　　　　　(B) $\overline{X}$

(C) $\sum_{i=1}^{n} X_i$　　　　　　(D) $X_1 + X_2 - X_3$

5. 设 (X_1, X_2, X_3) 是总体 X 的样本,则下列 EX 的无偏估计中最有效的是( ).

(A) $\frac{1}{2}X_1 + \frac{1}{3}X_2 + \frac{1}{6}X_3$　　　　　　(B) $\frac{1}{5}X_1 + \frac{2}{5}X_2 + \frac{2}{5}X_3$

(C) $\frac{1}{3}X_1 + \frac{1}{3}X_2 + \frac{1}{3}X_3$　　　　　　(D) $\frac{1}{4}X_1 + \frac{1}{4}X_2 + \frac{1}{2}X_3$

1. 设 A,B 为随机事件,$P(A)=\dfrac{1}{3}$,$P(B)=\dfrac{1}{2}$,$P(AB)=\dfrac{1}{8}$,则 $P(\bar{A}B)=$ _____.

2. 甲、乙、丙三人独立进行投篮练习,每人一次,如果他们的命中率分别为 0.8,0.7,0.6,则至少有一人投中的概率为 _____.

3. 设随机变量 X 的分布函数为 $F(x)=\dfrac{1}{2}+k\arctan x$,则 $k=$ _____.

4. 设随机变量 X 和 Y 相互独立,且 $X\sim N(3,4)$,$Y\sim N(2,9)$,则 $Z=X-Y\sim$ _____.

5. 设总体 $X\sim N(\mu,\sigma^2)$,且 σ^2 未知,检验假设 $H_0:\mu=\mu_0$ 时,采用的统计量是 _____.

三、计算题(一)(每小题 8 分,共 32 分)

1. 一批零件共 12 个,其中 2 个是次品,10 个是正品.从中抽取两次,每次任取一个,取后不放回.试求下列事件的概率:

(1) 两次均取正品;(2) 两次内至少有一次取得正品.

2. 两台车床加工同样的零件,第一台出现废品的概率为 0.03,第二台出现废品的概率为 0.02,把加工出来的零件放在一起.又知第一台加工的零件数是第二台加工的零件数的 2 倍,求:

(1) 任取一个零件是废品的概率;

(2) 若任取一个零件是废品,它为第二台车床加工的概率.

3. 设相互独立的随机变量 X,Y 的联合分布为

X＼Y	0	1	2
1	1/6	1/9	1/18
2	α	2/9	β

求:(1) α,β 的值;(2) $E(X+Y)$.

4. 某公司有 100 名员工参加一种资格证书考试,按往年经验,该考试通过率为 0.8,求 100 名员工中至少有 75 人考试通过的概率(结果用 $\Phi(x)$ 形式表示).

四、计算题(二)(共 32 分)

1. (本题 10 分)设随机变量 X 的密度函数为 $f(x)=\begin{cases} ax^2, & 0<x<1, \\ 0, & \text{其他}, \end{cases}$ 求:(1) 常数 a;(2) EX,DX;(3) X^2 的密度函数.

2. (本题 10 分)设总体 X 的概率密度为

$$f(x) = \begin{cases} (\theta+1)x^{\theta}, & 0 < x < 1, \\ 0, & \text{其他.} \end{cases}$$

$X_1, X_2, \cdots, X_n$ 为总体 X 的一个样本，$\theta > -1$ 是未知参数，求 θ 的矩估计量和极大似然估计量.

3. (本题 12 分) 从城市的某区中抽取 16 名学生测其智商，平均值为 107，样本标准差为 10，而从该城市的另一区中抽取 16 名学生的智商，平均值为 112，标准差为 8，试问在显著水平 $\alpha = 0.05$ 下，这两组学生的智商的方差和均值有无显著差异？［设学生的智商服从正态分布，$t_{0.025}(30) = 2.042, F_{0.025}(15, 15) = 2.86$］

五、证明题（共 6 分）

设 X_1, X_2 是来自总体 X 的样本，$\hat{\mu}_1 = \dfrac{1}{2}X_1 + \dfrac{1}{2}X_2, \hat{\mu}_2 = \dfrac{1}{3}X_1 + \dfrac{2}{3}X_2$. 证明：
(1) $\hat{\mu}_1, \hat{\mu}_2$ 都是总体 X 数学期望 μ 的无偏估计量；(2) $\hat{\mu}_1$ 比 $\hat{\mu}_2$ 更有效.

模拟试卷一解答

一、单项选择题

1. B   2. C   3. B   4. C   5. C

二、填空题

1. $\dfrac{3}{8}$ 2. 0.976   3. $\dfrac{1}{\pi}$ 4. $N(1,13)$ 5. $T = \dfrac{\overline{X} - \mu_0}{S/\sqrt{n}}$

三、计算题（一）

1. **解** 设 A, B 分别表示第一次、第二次取得正品.

(1) $P(AB) = P(A)P(B \mid A) = \dfrac{10}{12} \times \dfrac{9}{11} = \dfrac{15}{22} = 0.681\,8$；

(2) $P(A \bigcup B) = 1 - \dfrac{P_2^2}{P_{12}^2} = 1 - \dfrac{2}{12 \times 11} = \dfrac{65}{66} = 0.984\,8.$

2. **解** 设 A_1, A_2 分别表示第一台、第二台车床加工零件的事件，B 表示产品是废品的事件.

(1) 由全概率公式，得

$$P(B) = P(A_1)P(B \mid A_1) + P(A_2)P(B \mid A_2) = \dfrac{2}{3} \times 0.03 + \dfrac{1}{3} \times 0.02 \approx 0.027.$$

(2) 由贝叶斯公式，得

$$P(A_2 \mid B) = \dfrac{P(A_2 B)}{P(B)} = \dfrac{P(A_2)P(B \mid A_2)}{P(B)} = \dfrac{\dfrac{1}{3} \times 0.02}{0.027} \approx 0.247.$$

3. **解** (1) $\begin{cases} \dfrac{1}{3} + \alpha + \beta + \dfrac{2}{9} = 1 \\ \dfrac{1}{3} \times \left(\dfrac{1}{6} + \alpha \right) = \dfrac{1}{6} \end{cases} \Rightarrow \alpha = \dfrac{1}{3},\ \beta = \dfrac{1}{9};$

(2)

$X+Y$	1	2	3	4
P	$\dfrac{1}{6}$	$\dfrac{4}{9}$	$\dfrac{5}{18}$	$\dfrac{1}{9}$

$$E(X+Y) = \frac{1}{6} + 2 \times \frac{4}{9} + 3 \times \frac{5}{18} + 4 \times \frac{1}{9} = \frac{7}{3}.$$

4. **解** 设通过人数为 X，则 $X \sim B(100, 0.8)$，因此，$EX = 80, DX = 16$，由棣莫弗—拉普拉斯中心极限定理，X 近似服从 $N(80,16)$，则

$$P\{X \geqslant 75\} = 1 - P\{X < 75\} = 1 - \Phi\left(\frac{-5}{\sqrt{16}} \right) = 1 - \Phi(-1.25) = \Phi(1.25).$$

四、计算题(二)

1. **解** (1) $1 = \displaystyle\int_0^1 ax^2 \mathrm{d}x = \frac{a}{3} \Rightarrow a = 3;$

(2) $EX = \displaystyle\int_0^1 3x^2 \cdot x\,\mathrm{d}x = \frac{3}{4}, EX^2 = \int_0^1 3x^2 \cdot x^2 \mathrm{d}x = \frac{3}{5}, DX = \frac{3}{5} - \frac{9}{16} = \frac{3}{80};$

(3) 记 $Y = X^2$，则 Y 的概率分布为 $F_Y(y) = P\{X^2 \leqslant y\}$，

当 $y \leqslant 0$ 时，$F_Y(y) = 0$；当 $y \geqslant 1$ 时，$F_Y(y) = 1$；

当 $0 < y < 1$ 时，$F_Y(y) = P\{X^2 \leqslant y\} = P\{0 \leqslant X \leqslant \sqrt{y}\} = \displaystyle\int_0^{\sqrt{y}} f_X(x)\mathrm{d}x,$

求导得 $f_Y(y) = f_X(\sqrt{y}) \cdot \dfrac{1}{2\sqrt{y}} = 3y \cdot \dfrac{1}{2\sqrt{y}},$

所以 $f_Y(y) = \begin{cases} \dfrac{3\sqrt{y}}{2}, & 0 < y < 1, \\ 0, & \text{其他}. \end{cases}$

2. **解** (1) $EX = \displaystyle\int_0^1 (\theta+1) x^{\theta+1} \mathrm{d}x = \frac{\theta+1}{\theta+2}, \theta = \frac{2EX-1}{1-EX},$

得 θ 的矩估计量为 $\hat{\theta} = \dfrac{2\overline{X}-1}{1-\overline{X}}.$

(2) 设 $X_1, X_2, \cdots, X_n$ 是来自总体 X 的样本，似然函数

$$L(\theta) = \prod_{i=1}^n f(x_i) = (\theta+1)^n \left(\prod_{i=1}^n x_i \right)^\theta,$$

两边取对数，$\ln L(\theta) = n\ln(\theta+1) + \theta \displaystyle\sum_{i=1}^n \ln x_i.$

令 $\quad \dfrac{\mathrm{d}\ln L(\theta)}{\mathrm{d}\theta} = \dfrac{n}{\theta+1} + \sum_{i=1}^{n} \ln x_i = 0,$

得 θ 的极大似然估计量为 $\quad \hat{\theta} = -1 - \dfrac{n}{\displaystyle\sum_{i=1}^{n} \ln X_i}.$

3. **解** (1) $H_0 : \sigma_1^2 = \sigma_2^2, H_1 : \sigma_1^2 \neq \sigma_2^2.$ 检验统计量为 $F = \dfrac{S_1^2}{S_2^2} \sim F(15, 15)$, 由 $\alpha = 0.05$, 查得临界值

$$F_{\alpha/2} = F_{0.025}(15, 15) = 2.86, F_{1-\alpha/2} = \frac{1}{2.86}.$$

由样本值算得 $F = \dfrac{100}{64} = 1.56$, 由于 $F_{1-\alpha/2} < 1 < F < F_{\alpha/2}$ 故不能拒绝 H_0, 即认为两个总体的方差相等.

(2) $H_0 : \mu_1 = \mu_2, H_1 : \mu_1 \neq \mu_2.$ 检验统计量为 $T = \dfrac{\overline{X} - \overline{Y}}{\sqrt{\dfrac{S_1^2 + S_2^2}{16}}} \sim t(30)$, 查表得临界

值 $t_{\alpha/2} = t_{0.025}(30) = 2.042.$ 由题意知 $\bar{x} = 107, s_1^2 = 100, \bar{y} = 112, s_2^2 = 64.$ 故

$$|T| = \frac{112 - 107}{\sqrt{\dfrac{100 + 64}{16}}} = 1.56.$$

因为 $|T| < t_{\alpha/2}$, 故不能拒绝 H_0.

综合以上分析, 得出这两组学生的智商的均值无显著性差异.

五、证明题

证 (1) $E(\hat{\mu}_1) = E\left(\dfrac{1}{2}X_1 + \dfrac{1}{2}X_2\right) = \dfrac{1}{2}E(X_1) + \dfrac{1}{2}E(X_2) = \dfrac{1}{2}\mu + \dfrac{1}{2}\mu = \mu,$

$E(\hat{\mu}_2) = E\left(\dfrac{1}{3}X_1 + \dfrac{2}{3}X_2\right) = \dfrac{1}{3}E(X_1) + \dfrac{2}{3}E(X_2) = \dfrac{1}{3}\mu + \dfrac{2}{3}\mu = \mu.$

所以 $\hat{\mu}_1, \hat{\mu}_2$ 都是 μ 的无偏估计.

(2) $D(\hat{\mu}_1) = D\left(\dfrac{1}{2}X_1 + \dfrac{1}{2}X_2\right) = \dfrac{1}{4}D(X_1) + \dfrac{1}{4}D(X_2) = \dfrac{1}{2}D(X),$

$D(\hat{\mu}_2) = D\left(\dfrac{1}{3}X_1 + \dfrac{2}{3}X_2\right) = \dfrac{1}{9}D(X_1) + \dfrac{4}{9}D(X_2) = \dfrac{5}{9}D(X) > \dfrac{1}{2}D(X).$

所以 $D(\hat{\mu}_1) < D(\hat{\mu}_2)$, 即 $\hat{\mu}_1$ 比 $\hat{\mu}_2$ 更有效.

模拟试卷二

一、单项选择题(每小题 2 分,共 10 分)

1. 某人向同一目标独立重复射击,每次射击命中目标的概率为 p,则此人第 4 次射击恰好第 2 次命中目标的概率为( ).

(A) $3p(1-p)^2$ 　　　　　　　　　　(B) $6p(1-p)^2$

(C) $3p^2(1-p)^2$ 　　　　　　　　　(D) $6p^2(1-p)^2$

2. 设 (X,Y) 为二维随机变量,且 $DX > 0, DY > 0$,则下列等式成立的是( ).

(A) $E(XY) = EX \cdot EY$ 　　　　　(B) $\mathrm{cov}(X,Y) = \rho_{XY} \cdot \sqrt{DX} \cdot \sqrt{DY}$

(C) $D(X+Y) = DX + DY$ 　　　　　(D) $\mathrm{cov}(2X,2Y) = 2\mathrm{cov}(X,Y)$

3. 设随机变量 X 的密度函数为 $f(x) = \begin{cases} Ax + B, & 0 \leqslant x \leqslant 1, \\ 0, & \text{其他}, \end{cases}$ 且 $EX = \dfrac{7}{12}$,则
( ).

(A) $A = 1, B = -0.5$ 　　　　　　(B) $A = -0.5, B = 1$

(C) $A = 0.5, B = 1$ 　　　　　　　(D) $A = 1, B = 0.5$

4. 设 $X_1, X_2, \cdots, X_n$ 为取自总体 X 的样本,总体方差 $DX = \sigma^2$ 为已知,$\overline{X}$ 和 S^2 分别为样本均值、样本方差,则下列各式中( )为统计量.

(A) $\displaystyle\sum_{i=1}^{n} (X_i - EX)^2$ 　　　　　(B) $(n-1)S^2/\sigma^2$

(C) $\overline{X} - EX_i$ 　　　　　　　　(D) $nX^2 + 1$

5. 在假设检验中,记 H_0 为待检假设,则犯第一类错误指的是( ).

(A) H_0 成立,经检验接受 H_0 　　　(B) H_0 成立,经检验拒绝 H_0

(C) H_0 不成立,经检验接受 H_0 　　(D) H_0 不成立,经检验拒绝 H_0

二、填空题(每小题 2 分,共 20 分)

1. $P(A) = 0.4, P(B) = 0.3, P(A \cup B) = 0.4$,则 $P(A\overline{B}) = $_____.

2. 三人对同一目标独立地各射击一次,命中率分别为 $0.6, 0.5, 0.8$,则三人中有人未命中的概率为_____.

3. 随机变量 X 服从参数为 1 的泊松分布,则 $P\{X = EX^2\} = $_____.

152

4. 设随机变量 X 的分布函数为 $F(x) = \begin{cases} 0, & x < -1, \\ 0.2, & -1 \leqslant x \leqslant 1, \\ 0.5, & 1 \leqslant x < 4, \\ 1, & x \geqslant 4, \end{cases}$ X 的分布律为

_____.

5. 随机变量 X 与 Y 相互独立,且均服从区间 $[0,3]$ 上的均匀分布,则 $P\{\max(X,Y) \leqslant 1\} =$ _____.

6. 设随机变量 X_1, X_2, X_3 相互独立,其中 X_1 在 $[0,6]$ 上服从均匀分布,X_2 服从正态分布 $N(0, 2^2)$,X_3 服从参数为 $\lambda = 3$ 的泊松分布,记 $Y = X_1 - 2X_2 + 3X_3$,则 $DY =$ _____.

7. 利用正态分布的结论,$\int_{-\infty}^{+\infty} \dfrac{1}{\sqrt{2\pi}} (x^2 - 4x + 4) \mathrm{e}^{-\frac{(x-2)^2}{2}} \mathrm{d}x =$ _____.

8. 利用切比雪夫不等式估计 $P\{|X - EX| > 2\sqrt{DX}\}$ _____.

9. 设 $X_1, X_2, \cdots, X_n$ 是正态总体 $X \sim N(\mu, \sigma^2)$ 的样本,则 $\dfrac{\sum\limits_{i=1}^{n}(X_i - \mu)^2}{\sigma^2} \sim$ _____.

10. 设 $X_1, X_2, \cdots, X_{20}$ 是来自正态总体 $N(\mu, \sigma^2)$ 的样本,其中参数 μ 和 σ^2 未知,用样本检验假设 $H_0 : \mu = 15$ 时,应选用的统计量为 _____.

三、计算题(一)(共 40 分)

1.(本题 10 分)一批产品分别由甲、乙、丙三车床加工. 其中甲车床加工的占产品总数的 25%,乙车床占 35%,其余的是丙车床加工的. 又甲、乙、丙三车床在加工时出现次品的概率分别为 $0.05, 0.04, 0.02$. 现从中任取一件,试求:(1)任取一件是次品的概率;(2)若已知任取的一件是次品,则该次品由甲车床加工的概率.

2.(本题 12 分)假设二维随机变量 (X, Y) 的联合分布律为

X \ Y	-1	0	2
-1	1/8	3/16	1/16
2	1/4	d	5/16

求:(1)常数 d 的值;(2)随机变量 (X, Y) 的边缘分布律;(3)在 $X = -1$ 条件下 Y 的条件分布律;(4) $X + Y$ 的分布律.

3.(本题 12 分)设 (X, Y) 的概率密度为

$$f(x, y) = \begin{cases} k\mathrm{e}^{-3x-4y}, & x > 0, y > 0, \\ 0, & \text{其他.} \end{cases}$$

求:(1)常数 k;(2)随机变量 X,Y 的边缘密度函数;(3)判断 X,Y 的独立性;(4)$P\{0 < X \leqslant 1, 1 < Y \leqslant 2\}$.

4.(本题 6 分)保险公司有 10 000 人投保,每人每年付 12 元保险费.已知一年内人口死亡率为 0.006,若死亡一人,保险公司赔付 1 000 元,用中心极限定理求保险公司年利润不少于 60 000 元的概率.

四、计算题(二)(共 30 分)

1.(本题 12 分)设总体 X 的概率密度函数为 $f(x) = \begin{cases} \dfrac{\beta}{x^{\beta+1}}, & x > 1, \\ 0, & x \leqslant 1, \end{cases}$ 其中 $\beta > 1$. 设

$X_1, X_2, \cdots, X_n$ 为来自总体 X 的简单随机样本,求 β 的矩估计量和极大似然估计量.

2.(本题 6 分)设 $X_1, X_2, \cdots, X_n$ 为总体 X 的样本,欲使 $k\sum_{i=1}^{n-1}(x_{i+1} - x_i)^2$ 为总体方差 σ^2 的无偏估计量,则 k 应取何值?

3.(本题 12 分)某纺织厂生产的纱线的强力服从正态分布,为比较甲、乙两地的棉花所纺纱线的强力,各抽取 7 个和 8 个样品,测得数据如下:

$$\sum_{i=1}^{7} x_i = 10.64, \quad \sum_{i=1}^{8} y_i = 11.52, \quad \sum_{1}^{7} x_i^2 = 16.191\ 2, \quad \sum_{1}^{8} y_i^2 = 16.624\ 2.$$

问:在显著性水平 $\alpha = 0.05$ 下,两者的方差与均值有无显著差异?

$[t_{0.025}(13) = 2.160\ 4, F_{0.025}(6,7) = 5.118\ 6, F_{0.025}(7,6) = 5.695\ 5]$

模拟试卷二解答

一、单项选择题

1. C 2. B 3. D 4. B 5. B

二、填空题

1. 0.1 2. 0.76 3. $P\{X = 2\} = \dfrac{1}{2}\mathrm{e}^{-1}$

4.

X	-1	1	4
P	0.2	0.3	0.5

5. $\dfrac{1}{9}$ 6. 46 7. 1 8. $\leqslant \dfrac{1}{4}$ 9. $\chi^2(n)$ 10. $\dfrac{\overline{X} - 15}{S/\sqrt{20}}$

三、计算题(一)

1. 解 设 $A_i = \{$任取的一件是第 i 台车床加工的$\}$, $i = 1$(甲车床), 2(乙车床), 3(丙车床); $B = \{$任取的一件是次品$\}$. 由题设可知

$$P(A_1) = 0.25, \quad P(A_2) = 0.35, \quad P(A_3) = 0.40,$$
$$P(B \mid A_1) = 0.05, P(B \mid A_2) = 0.04, P(B \mid A_3) = 0.02.$$

(1) 由全概率公式,得

$$P(B) = \sum_{i=1}^{3} P(A_i)(B \mid A_i)$$
$$= 0.25 \times 0.05 + 0.35 \times 0.04 + 0.40 \times 0.02 = 0.0345.$$

(2) 由贝叶斯公式,得

$$P(A_1 \mid B) = \frac{P(A_1)P(B \mid A_1)}{P(B)} = \frac{0.25 \times 0.05}{0.0345} = 0.3623.$$

2. 解 (1) 由分布律的性质得 $d = \dfrac{1}{16}$.

(2)

ξ	-1	2
P	$\dfrac{3}{8}$	$\dfrac{5}{8}$

η	-1	0	2
P	$\dfrac{3}{8}$	$\dfrac{1}{4}$	$\dfrac{3}{8}$

(3) 在 $\xi = -1$ 条件下 η 的条件分布律为

$$P(\eta = -1 \mid \xi = -1) = \frac{P(\xi = -1, \ \eta = -1)}{P(\xi = -1)} = \frac{1}{3},$$

$$P(\eta = 0 \mid \xi = -1) = \frac{P(\xi = -1, \ \eta = 0)}{P(\xi = -1)} = \frac{1}{2},$$

$$P(\eta = 2 \mid \xi = -1) = \frac{P(\xi = -1, \ \eta = 2)}{P(\xi = -1)} = \frac{1}{6}.$$

(4)

$\xi + \eta$	-2	-1	1	2	4
P	$\dfrac{1}{8}$	$\dfrac{3}{16}$	$\dfrac{5}{16}$	$\dfrac{1}{16}$	$\dfrac{5}{16}$

3. 解 (1) 由 $\displaystyle\iint\limits_{R^2} f(x, y)\,\mathrm{d}x\mathrm{d}y = k\int_0^{+\infty} \mathrm{e}^{-3x}\mathrm{d}x \int_0^{+\infty} \mathrm{e}^{-4y}\mathrm{d}y = k\left(-\frac{1}{3}\right)\left(-\frac{1}{4}\right) = \frac{1}{12}k = 1$,

从而得 $k = 12$.

(2) $f_X(x) = \displaystyle\int_{-\infty}^{+\infty} f(x, y)\,\mathrm{d}y = \begin{cases} \displaystyle\int_0^{+\infty} 12\mathrm{e}^{-3x-4y}\mathrm{d}y, & x > 0 \\ 0, & x \leqslant 0 \end{cases} = \begin{cases} 3\mathrm{e}^{-3x}, & x > 0, \\ 0, & x \leqslant 0. \end{cases}$

类似地可得: $f_Y(y) = \begin{cases} 4\mathrm{e}^{-4y}, & y > 0, \\ 0, & y \leqslant 0. \end{cases}$

(3) 因为 $f(x,y) = f_X(x) f_Y(y)$，所以 X 与 Y 相互独立.

(4) $P(0 < X < 1, 1 < Y < 2) = \int_0^1 \mathrm{d}y \int_1^2 f(x,y)\,\mathrm{d}y = \int_0^1 \mathrm{d}x \int_1^2 12 e^{-3x-4y}\mathrm{d}y$
$$= (1 - e^{-3})(e^{-4} - e^{-8}).$$

4. **解** 设 X 表示一年内 10 000 个投保人的死亡人数，则 $X \sim B(10\,000, 0.006)$，$E(X) = 60, D(X) = 59.64$. 由中心极限定理知，X 近似服从 $N(60, 59.64)$，则所求概率为 $P\{120\,000 - 1\,000X \geqslant 60\,000\} = P\{X \leqslant 60\} = \Phi\left(\dfrac{60-60}{\sqrt{59.64}}\right) = \Phi(0) = 0.5.$

四、计算题(二)

1. **解** (1)矩估计: $EX = \displaystyle\int_{-\infty}^{+\infty} x f(x;\beta)\,\mathrm{d}x = \int_1^{+\infty} x \cdot \frac{\beta}{x^{\beta+1}}\,\mathrm{d}x = \frac{\beta}{\beta - 1}.$

因为 EX 的矩估计是 $EX = \overline{X}$，得 $\dfrac{\beta}{\beta-1} = \overline{X}$，解得参数 β 的矩估计量为 $\beta = \dfrac{\overline{X}}{\overline{X} - 1}.$

(2)极大似然估计:对于总体 X 的样本值 $x_1, x_2, \cdots, x_n$，似然函数为

$$L(\beta) = \prod_{i=1}^n f(x_i;\alpha) = \begin{cases} \dfrac{\beta^n}{(x_1 x_2 \cdots x_n)^{\beta+1}}, & x_i > 1\ (i = 1,2,\cdots,n), \\ 0, & \text{其他}. \end{cases}$$

两边取对数得，$\ln L(\beta) = n\ln\beta - (\beta+1)\displaystyle\sum_{i=1}^n \ln x_i,$

对 β 求导，令其为 0，得 $\dfrac{\mathrm{d}[\ln L(\beta)]}{\mathrm{d}\beta} = \dfrac{n}{\beta} - \displaystyle\sum_{i=1}^n \ln x_i = 0,$

解得参数 β 的极大似然估计量为 $\hat{\beta} = \dfrac{n}{\displaystyle\sum_{i=1}^n \ln x_i}.$

2. **解** $\quad E\left[k\displaystyle\sum_{i=1}^{n-1}(x_{i+1} - x_i)^2\right] = k\sum_{i=1}^{n-1} E(x_{i+1} - x_i)^2$
$$= k\sum_{i=1}^{n-1}\left[D(x_{i+1} - x_i) + (E(x_{i+1} - x_i))^2\right]$$
$$= k\sum_{i=1}^{n-1}[Dx_{i+1} + Dx_i] = 2(n-1)k\sigma^2,$$

且 $k\displaystyle\sum_{i=1}^{n-1}(x_{i+1} - x_i)^2$ 是 σ^2 的无偏估计，所以 $E\left[k\displaystyle\sum_{i=1}^{n-1}(x_{i+1} - x_i)^2\right] = \sigma^2$. 由此得 $k = \dfrac{1}{2(n-1)}.$

3. **解** 设甲乙两地的棉花所纺纱线的强力分别为 X, Y，且设 $X \sim N(\mu_1, \sigma_1^2)$，$Y \sim N(\mu_2, \sigma_2^2).$

(1) $H_0 : \sigma_1^2 = \sigma_2^2$, $H_1 : \sigma_1^2 \neq \sigma_2^2$. 统计量 $F = \dfrac{S_1^2}{S_2^2} \sim F(n_1 - 1, n_2 - 1)$, $n_1 = 7, n_2 = 8$,

$F_{0.025}(6,7) = 5.118\ 6$, $F_{0.975}(6,7) = \dfrac{1}{F_{0.025}(7,6)} = \dfrac{1}{5.695\ 5} = 0.175\ 6$,

$\bar{x} = \dfrac{1}{7}\sum\limits_{i=1}^{7} x_i = 1.52$, $\bar{y} = \dfrac{1}{8}\sum\limits_{i=1}^{8} y_i = 1.44$, $S_1^2 = 0.003\ 1$, $S_2^2 = 0.005\ 1$, $F = \dfrac{S_1^2}{S_2^2} = 0.607\ 9$.

经检验,接受 H_0, 即认为两者的方差没有显著差异.

(2) $H_0 : \mu_1 = \mu_2$, 统计量 $T = \dfrac{\bar{X} - \bar{Y}}{S_w \sqrt{\dfrac{1}{n_1} + \dfrac{1}{n_2}}} \sim t(n_1 + n_2 - 2)$,

其中 $S_w^2 = \dfrac{(n_1 - 1)S_1^2 + (n_2 - 1)S_2^2}{n_1 + n_2 - 2}$, $S_w = 0.064\ 63$, $|t| = 2.391 > 2.160\ 4 = t_{0.025}(13)$,

经检验,拒绝 H_0, 即认为两者的均值有显著差异.

模拟试卷三

一、单项选择题(每小题 2 分,共 16 分)

1. 设每次试验失败的概率为 p,则在 3 次独立重复试验中至少成功一次的概率为( ).

    (A) $3(1-p)$ (B) $(1-p)^3$ (C) $1-p^3$ (D) $C_3^1(1-p)p^2$

2. 设 A,B 为相互独立的随机事件,且已知 $P(A) = \dfrac{3}{5}, P(A \bigcup B) = \dfrac{7}{10}$,则 $P(B)$ 等于( ).

    (A) $\dfrac{1}{16}$ (B) $\dfrac{1}{10}$ (C) $\dfrac{1}{4}$ (D) $\dfrac{2}{5}$

3. 设随机变量 $X \sim N(-1, \sigma^2)$,且 $P\{-3 \leqslant X \leqslant -1\} = 0.4$,则 $P\{X \geqslant 1\} =$ ( ).

    (A) 0.1   (B) 0.2   (C) 0.3   (D) 0.5

4. 若随机变量 X 的概率密度为 $f(x) = \dfrac{1}{2\sqrt{\pi}} e^{-\frac{(x+3)^2}{4}} (-\infty < x < +\infty)$,则 $Y =$ ( ) $\sim N(0, 1)$.

    (A) $\dfrac{X+3}{\sqrt{2}}$ (B) $\dfrac{X+3}{2}$ (C) $\dfrac{X-3}{\sqrt{2}}$ (D) $\dfrac{X-3}{2}$

5. 已知随机变量 ξ 服从二项分布,且 $E\xi = 2.4, D\xi = 1.44$,则二项分布的参数 n, p 的值为( ).

    (A) $n = 4, p = 0.6$ (B) $n = 6, p = 0.4$

    (C) $n = 8, p = 0.3$ (D) $n = 24, p = 0.1$

6. 设 X 与 Y 为两随机变量,且 $DX = 4, DY = 1, \rho_{XY} = 0.6$,则 $D(3X - 2Y) =$ ( ).

    (A) 40   (B) 34   (C) 25.6   (D) 17.6

7. 设 $X_1, X_2, \cdots, X_n$ 是来自于正态总体 $N(\mu, \sigma^2)$ 的简单随机样本,$\overline{X}$ 为样本均值,记

$$S_1^2 = \frac{1}{n-1}\sum_{i=1}^{n}(X_i - \overline{X})^2, \qquad S_2^2 = \frac{1}{n}\sum_{i=1}^{n}(X_i - \overline{X})^2,$$

$$S_3^2 = \frac{1}{n-1} \sum_{i=1}^{n} (X_i - \mu)^2, \qquad S_4^2 = \frac{1}{n} \sum_{i=1}^{n} (X_i - \mu)^2.$$

则服从自由度为 $n-1$ 的 t 分布的随机变量是（　　）.

(A) $t = \dfrac{\overline{X} - \mu}{S_1/\sqrt{n-1}}$ 　　　　　　　　(B) $t = \dfrac{\overline{X} - \mu}{S_2/\sqrt{n-1}}$

(C) $t = \dfrac{\overline{X} - \mu}{S_3/\sqrt{n-1}}$ 　　　　　　　　(D) $t = \dfrac{\overline{X} - \mu}{S_4/\sqrt{n-1}}$

8. 已知随机变量 $F \sim F(n_1, n_2)$，且 $P\{F > F_a(n_1, n_2)\} = \alpha$，则 $F_{1-a}(n_1, n_2) =$（　　）.

(A) $\dfrac{1}{F_a(n_1, n_2)}$ 　　　　　　　　(B) $\dfrac{1}{F_{1-a}(n_2, n_1)}$

(C) $\dfrac{1}{F_a(n_2, n_1)}$ 　　　　　　　　(D) $\dfrac{1}{F_{1-a}(n_1, n_2)}$

二、填空题（每小题 3 分，共 15 分）

1. 同时掷三个均匀的硬币，出现三个正面的概率是_____，恰好出现一个正面的概率是_____.

2. 设随机变量 X 服从某一区间上的均匀分布，且 $EX = 2$，$DX = \dfrac{1}{3}$，则 X 的概率密度为_____.

3、设随机变量 X 的概率密度是 $f(x) = \begin{cases} 3x^2, & 0 < x < 1, \\ 0, & \text{其他}, \end{cases}$ 且 $P\{X \geqslant a\} = 0.784$，则 $a =$ _____.

4. 设随机变量 (X, Y) 的联合密度函数为 $f(x, y) = \begin{cases} cxy, & 0 \leqslant x \leqslant y \leqslant 1, \\ 0, & \text{其他}, \end{cases}$ 则 $c =$ _____.

5. 设 $X_1, X_2, \cdots, X_n$ 是总体 $N(\mu, \sigma^2)$ 的一个样本，μ 未知，要检验假设 $H_0: \sigma^2 = 100$，则采用的统计量是_____.

三、计算题（一）（共 37 分）

1. （本题 8 分）设有三只外形完全相同的盒子，Ⅰ号盒中装有 14 个黑球，6 个白球；Ⅱ号盒中装有 5 个黑球，25 个白球；Ⅲ号盒中装有 8 个黑球，42 个白球. 现在从三个盒子中任取一盒，再从中任取一球，求：(1)取到的球是黑球的概率；(2)若取到的是黑球，它是取自Ⅰ号盒中的概率.

2. （本题 12 分）袋中有 4 个球分别标有数字 1, 2, 2, 3，从袋中任取一球后，不放回再取一球，分别以 X，Y 记第一次、第二次取得球上标有的数字，求：

(1) (X, Y) 的联合分布律；　　　　　(2) X，Y 的边缘分布；

(3) X,Y 是否独立；　　　　　　　　　　(4) $E(XY)$.

3.（本题 8 分）设随机变量 X 的密度函数为 $f(x)=\begin{cases}\dfrac{k}{\alpha^2}(\alpha-x),&0<x<\alpha,\\[2mm]0,&\text{其他},\end{cases}$ 其中

$\alpha>0$.

求：(1) k 的值；(2) X 的分布函数；(3) $P\left\{|X|<\dfrac{\alpha}{2}\right\}$.

4.（本题 9 分）设二维随机变量 (X,Y) 的概率密度为

$$f(x,y)=\begin{cases}12y^2,&0\leqslant y\leqslant x\leqslant 1,\\0,&\text{其他}.\end{cases}$$

求：(1) X 的边缘密度函数 $f_X(x)$；(2) $E(XY)$；(3) $P\{X+Y>1\}$.

四、计算题(二)（共 28 分）

1.（本题 6 分）假设对目标独立地发射 400 发炮弹，已知每一发炮弹的命中率等于 0.2，用中心极限定理计算命中 60 发到 100 发之间的概率（用 $\Phi(x)$ 表示）.

2.（本题 8 分）设总体 X 的概率密度为 $f(x)=\begin{cases}\dfrac{2x}{\lambda}e^{-\frac{x^2}{\lambda}}&x>0,\\[2mm]0,&x\leqslant 0,\end{cases}$ 其中 $\lambda>0$ 是未知

参数.试根据样本 $X_1,X_2\cdots X_n$ 求 λ 的最大似然估计量.

3.（本题 14 分）设某产品的生产工艺进行了改变，为了比较改变工艺对产品的某项指标有无影响，在改变前后分别抽测了若干产品，测得有关数据并计算如下：

改变前：$n_1=7,\ \bar{x}=20.4,\ \displaystyle\sum_{i=1}^{7}(x_i-\bar{x})^2=1.97$

改变后：$n_2=8,\ \bar{y}=19.4,\ \displaystyle\sum_{i=1}^{8}(y_i-\bar{y})^2=0.86$

试问：(1)是否可认为改变工艺前后该项指标的方差相同？

(2)是否可认为改变工艺前后该项指标的均值相同？（显著水平均取 $\alpha=0.05$）

$[t(13;0.025)=2.160,\ F(7,6;0.025)=5.70,\ F(6,7;0.025)=5.12]$

五、证明题（4 分）

设总体 X 的密度函数为 $f(x)=\begin{cases}\dfrac{3}{\theta^3}x^2,&0\leqslant x\leqslant\theta,\\[2mm]0,&\text{其他},\end{cases}$ 其中 θ 为未知参数，$X_1,X_2,\cdots,$

X_n 为来自总体 X 的样本，证明：$\dfrac{4}{3}\bar{X}$ 是 θ 的无偏估计量.

模拟试卷三解答

一、单项选择题

1. C   2. C   3. A   4. A   5. B   6. C   7. B   8. C

二、填空题

1. $\dfrac{1}{8},\dfrac{3}{8}$ 2. $f(x) = \begin{cases} \dfrac{1}{2}, & 1 \leqslant x \leqslant 3 \\ 0, & \text{其他} \end{cases}$

3. 0.6   4. 8   5. $\chi^2 = \dfrac{\displaystyle\sum_{i=1}^{n}(X_i - \overline{X})^2}{100}$

三、计算题（一）

1. **解** （1）设 A_1, A_2, A_3 分别表示从第 Ⅰ，Ⅱ，Ⅲ号盒中取球，B 表示取到黑球，由全概率公式知，

$$P(B) = \sum_{i=1}^{3} P(A_i)P(B \mid A_i) = \frac{1}{3} \times \frac{14}{20} + \frac{1}{3} \times \frac{5}{30} + \frac{1}{3} \times \frac{8}{50} = \frac{77}{225} \approx 0.342.$$

（2）由贝叶斯公式知，

$$P(A_1 \mid B) = \frac{P(A_1)P(B \mid A_1)}{P(B)} = \frac{15}{22} \approx 0.682.$$

2. **解** （1）

X\Y	1	2	3
1	0	$\dfrac{1}{6}$	$\dfrac{1}{12}$
2	$\dfrac{1}{6}$	$\dfrac{1}{6}$	$\dfrac{1}{6}$
3	$\dfrac{1}{12}$	$\dfrac{1}{6}$	0

（2）$P(X = 1) = \dfrac{1}{4}, P(X = 2) = \dfrac{1}{2}, P(X = 3) = \dfrac{1}{4},$

$P(Y = 1) = \dfrac{1}{4}, P(Y = 2) = \dfrac{1}{2}, P(Y = 3) = \dfrac{1}{4}.$

（3）因为 $P(X = 1, Y = 1) = 0 \neq \dfrac{1}{16} = P(X = 1)P(Y = 1)$，故 X, Y 不独立.

（4）$E(XY) = 1 \times 2 \times \dfrac{1}{6} + 1 \times 3 \times \dfrac{1}{12} + 2 \times 1 \times \dfrac{1}{6} + 2 \times 2 \times \dfrac{1}{6} + 2 \times 3 \times \dfrac{1}{6} +$

$$3 \times 1 \times \frac{1}{12} + 3 \times 2 \times \frac{1}{6} = \frac{23}{6}.$$

3. **解** (1) $\int_0^a \frac{k}{a^2}(a-x)\mathrm{d}x = \frac{1}{2}k = 1 \Rightarrow k = 2.$

(2) $F(x) = \int_{-\infty}^x f(t)\mathrm{d}t = \begin{cases} 0, & x \leqslant 0, \\ \dfrac{2x}{a} - \dfrac{x^2}{a^2}, & 0 < x < a, \\ 1, & x \geqslant a. \end{cases}$

(3) $P(|X| < \frac{a}{2}) = \int_0^{\frac{a}{2}} f(x)\mathrm{d}x = \frac{3}{4}.$

4. **解** (1) $f_X(x) = \int_{-\infty}^{+\infty} f(x,y)\mathrm{d}y = \begin{cases} \int_0^x 12y^2\mathrm{d}y, & 0 \leqslant x \leqslant 1 \\ 0, & 其他 \end{cases}$

$$= \begin{cases} 4x^3 & 0 \leqslant x \leqslant 1, \\ 0, & 其他. \end{cases}$$

(2) $E(XY) = \int_0^1 \mathrm{d}x \int_0^x 12xy^3\mathrm{d}y = \frac{1}{2}.$

(3) $P(X+Y > 1) = \int_{\frac{1}{2}}^1 \mathrm{d}x \int_{1-x}^x 12y^2\mathrm{d}y = \frac{7}{8}.$

四、计算题(二)

1. **解** 设 $X_i = \begin{cases} 0, & 第\ i\ 发炮弹没有命中, \\ 1, & 第\ i\ 发炮弹命中, \end{cases}$ $i = 1,2,\cdots,400$，则 400 发炮弹命中的

发数 $X = \sum\limits_{i=1}^{400} X_i \sim B(400, 0.2), EX = 80, DX = 64$，故由中心极限定理知，

$$P(60 < X < 100) = P(|X-80| < 20) = P\left(\left|\frac{X-80}{\sqrt{64}}\right| < \frac{20}{\sqrt{64}}\right) = 2\Phi(2.5) - 1.$$

2. **解** $L = \prod\limits_{i=1}^n \left[\frac{2x_i}{\lambda}\mathrm{e}^{-\frac{x_i^2}{\lambda}}\right] = \frac{2^n}{\lambda^n}\prod\limits_{i=1}^n x_i \mathrm{e}^{-\frac{\sum x_i^2}{\lambda}},$

$$\ln L = n\ln 2 - n\ln\lambda + \sum \ln x_i - \frac{\sum x_i^2}{\lambda},$$

令 $\dfrac{\mathrm{d}\ln L}{\mathrm{d}\lambda} = -\dfrac{n}{\lambda} + \dfrac{\sum x_i^2}{\lambda^2} = 0$，所以 λ 的最大似然估计为 $\hat{\lambda} = \dfrac{\sum\limits_{i=1}^n x_i^2}{n}.$

3. **解** (1) $H_0 : \sigma_1 = \sigma_2.$ 检验量 $F = \dfrac{S_X^{*2}}{S_Y^{*2}} \sim F(n_1-1, n_2-1), S_X^2 = \dfrac{1}{6}\sum\limits_{i=1}^7 (x_i - \bar{x})^2$

$= 0.328, S_Y^2 = \dfrac{1}{7} \sum\limits_{i=1}^{8} (y_i - \bar{y})^2 = 0.123, F = \dfrac{0.328}{0.123} = 2.67, F(7,6; 0.025) = 5.70,$

$F(6,7; 0.025) = 5.12.$

因为 $1/5.70 < F < 5.12$，所以不否定 H_0，即方差无明显差异.

(2) $H_0 : \mu_1 = \mu_2.$ 检验量 $T = \dfrac{\bar{X} - \bar{Y}}{\sqrt{(n_1 - 1)S_X^2 + (n_2 - 1)S_Y^2}} \sqrt{\dfrac{n_1 n_2 (n_1 + n_2 - 2)}{n_1 + n_2}} \sim$

$t(n_1 + n_2 - 2), \mid T \mid = 4.141, t_{\alpha/2}(13) = 2.160.$ 因为 $\mid T \mid > 2.60$，所以否定 H_0，即均值有明显差异.

五、证明题

证　$E\left(\dfrac{4}{3}\bar{X}\right) = \dfrac{4}{3}E\bar{X} = \dfrac{4}{3}EX = \dfrac{4}{3}\displaystyle\int_{-\infty}^{+\infty} x f(x)\, \mathrm{d}x = \dfrac{4}{3}\int_0^\theta \dfrac{3}{\theta^3} x^3\, \mathrm{d}x = \theta,$

故 $\dfrac{4}{3}\bar{X}$ 是 θ 的无偏估计量.

模拟试卷四

一、单项选择题(每小题 2 分,共 16 分)

1. 设在一次试验中事件 A 发生的概率为 p,现重复独立进行 n 次试验,则事件 A 至少发生一次的概率为( ).

    (A) $1-p^n$ (B) p^n

    (C) $1-(1-p)^n$ (D) $(1-p)^n$

2. 设随机变量 X 的密度函数为 $f(x)$,且 $f(-x)=f(x)$,$F(x)$ 是 X 的分布函数,则对任意实数 $a>0$,有( ).

    (A) $F(-a)=1-\int_0^a f(x)\mathrm{d}x$ (B) $F(-a)=\dfrac{1}{2}-\int_0^a f(x)\mathrm{d}x$

    (C) $F(-a)=F(a)$ (D) $F(-a)=2F(a)-1$

3. 设随机变量 X,Y 相互独立且分布相同,则 $X+Y$ 与 $2X$ 的关系是( ).

    (A) 有相同的分布   (B) 数学期望相等

    (C) 方差相等   (D) 以上均不成立

4. 设随机变量 X 的分布列为 $\dfrac{X\ \begin{vmatrix} -2 & 0 & 2 \end{vmatrix}}{P\ \begin{vmatrix} 0.4 & 0.3 & 0.3 \end{vmatrix}}$,则 $E(3X^2+5)=($).

    (A) 13   (B) 3.2   (C) 13.4   (D) 13.6

5. 设总体 $X \sim N(\mu,\sigma^2)$,$X_1,X_2,\cdots,X_n$ 为其样本,则 $\dfrac{1}{\sigma^2}\sum_{i=1}^{n}(X_i-\overline{X})^2$ 服从分布( ).

    (A) $\chi^2(n)$ (B) $\chi^2(n-1)$ (C) $t(n)$ (D) $t(n-1)$

6. 对正态总体 $N(\mu,\sigma^2)$,σ^2 已知时,检验假设 $H_0:\mu=\mu_0$,应选取检验统计量( ).

    (A) $\overline{X}$ (B) $\dfrac{\overline{X}-\mu}{\sigma}$ (C) $\dfrac{\overline{X}-\mu}{\sigma/\sqrt{n-1}}$ (D) $\dfrac{\overline{X}-\mu}{\sigma/\sqrt{n}}$

7. 设 (X_1,X_2,X_3) 是总体 X 的样本,则下列 EX 的无偏估计中( )最有效.

    (A) $\dfrac{1}{2}X_1+\dfrac{1}{3}X_2+\dfrac{1}{6}X_3$ (B) $\dfrac{1}{5}X_1+\dfrac{2}{5}X_2+\dfrac{2}{5}X_3$

(C) $\dfrac{1}{3}(X_1 + X_2 + X_3)$ (D) $\dfrac{1}{4}(X_1 + X_2) + \dfrac{1}{2}X_3$

8. 下列结论中正确的是( ).

(A) 假设检验是以小概率原理为依据

(B) 由一组样本值就能得出零假设是否真正正确

(C) 假设检验的结果总是正确的

(D) 对同一总体,用不同的样本,对同一统计假设进行检验,其结果是完全相同的

二、填空题(每小题 3 分,共 15 分)

1. 一个盒中装有 3 个白球,4 个黑球,从中任取 3 个,则其中恰有 2 个白球 1 个黑球的概率为_____.

2. 设 $P(A) > 0, P(B) > 0$,把 $P(A)$,$P(AB)$,$P(A \bigcup B)$,$P(A) + P(B)$ 按大小顺序排列应为_____.

3. 设随机变量 X 服从参数为 2 的指数分布,Y 服从参数为 4 的指数分布,$E(2X^2 + 3Y) =$ _____.

4. 设随机向量 (X, Y) 的联合密度函数为 $f(x,y) = \begin{cases} cxy, & 0 \leqslant x \leqslant y \leqslant 1, \\ 0, & \text{其他}, \end{cases}$ 则 $c =$ _____.

5. 设 $X_1, X_2, \cdots, X_5$ 是总体 $N(\mu, \sigma^2)$ 的一个样本,令 $\widetilde{X} = \dfrac{1}{3}(X_1 - X_2 + X_3 - X_4 + X_5)$,则 $E\widetilde{X} =$ _____,$D\widetilde{X} =$ _____.

三、计算题(一)(共 33 分)

1. (本题 8 分)两台自动机械甲、乙制造同类产品,由共同的传送带输送,甲的生产能力两倍于乙,且甲、乙的优质品率分别为 60%,84%. 求:(1)总的优质品率;(2)任取一个产品,发现是优质品,求它是甲生产的概率.

2. (本题 10 分)已知二维随机变量 (X, Y) 的联合概率分布由下表确定:

X \ Y	0	1
0	1	0.2
1	0.3	0.4

求:(1) X, Y 的边缘分布;(2) EX, EY, DX, DY;(3) X, Y 的协方差.

3. (本题 9 分)设随机变量 X 的概率密度函数 $f(x) = \begin{cases} \dfrac{a}{\sqrt{x}} & 0 < x < 1, \\ 0, & \text{其他}. \end{cases}$ 求:(1)a

的值;(2) EX,DX.

4. (本题 6 分)一批产品中一等品与二等品的比率为 3:1,现从中任取 400 件.试用中心极限定理近似计算二等品件数在 83 到 117 件之间的概率(用 $\Phi(x)$ 形式表示).

四、计算题(二)(共 32 分)

1. (本题 10 分)设总体 X 的密度函数为 $f(x)=\begin{cases} \sqrt{\theta}x^{\sqrt{\theta}-1}, & 0\leqslant x\leqslant 1, \\ 0, & \text{其他}, \end{cases}$ 其中 $\theta>0$,
$X_1,X_2,\cdots,X_n$ 为样本,求参数 θ 的矩估计量和极大似然估计量.

2. (本题 8 分)某糖厂用自动包装机包装食糖,每包的重量服从正态分布,其标准重量为 $\mu_0=100$ (kg).某日开工后,测得 9 包的重量,经计算得:$\sum_{i=1}^{9}x_i=899.8,\sum_{i=1}^{9}(x_i-\bar{x})^2=11.755\,6$,试检验该日包装机工作是否正常($\alpha=0.05$)?$[t_{0.025}(8)=2.306]$

3. (本题 14 分)某种零件的椭圆度服从正态分布,改变工艺前抽取 16 件,测得数据并算得 $\bar{x}=0.081,S_X=0.025$;改变工艺后抽取 20 件,测得数据并计算得 $\bar{y}=0.07,S_Y=0.02$. 问:(1)改变工艺前后,方差有无明显差异? (2)改变工艺前后,均值有无明显差异? $[\alpha$ 均取 $0.05,F_{\alpha/2}(15,19)=2.617\,1,F_{\alpha/2}(19,15)=2.755\,9,t_{\alpha/2}(34)=2.032\,2]$

五、证明题(4 分)

设总体 X 服从区间 $[\theta,2\theta]$ 上的均匀分布,其中 $\theta>0$ 为未知参数,又 $X_1,X_2,\cdots,X_n$ 为样本,记样本均值 $\bar{X}=\frac{1}{n}\sum_{i=1}^{n}X_i$. 证明:$\hat{\theta}=\frac{2}{3}\bar{X}$ 为 θ 的无偏估计.

模拟试卷四解答

一、单项选择题

1. C   2. B   3. B   4. C   5. B   6. D   7. C   8. A

二、填空题

1. 12/35   2. $P(A)+P(B)\geqslant P(A\cup B)\geqslant P(A)\geqslant P(AB)$

3. 7/4   4. 8   5. $\dfrac{\mu}{3},\dfrac{5}{9}\sigma^2$

三、计算题(一)

1. **解** (1)分别用 A_1,A_2 记任取一件产品是机械甲、乙制造的;用 B 记任取一件产品是优质品,由全概率公式,得

$$P(B)=P(A_1)P(B\mid A_1)+P(A_2)P(B\mid A_2)=\frac{2}{3}\times 0.6+\frac{1}{3}\times 0.84=0.68.$$

（2）由贝叶斯公式得

$$P(A_1 \mid B) = \frac{P(A_1)P(B \mid A_1)}{P(B)} = \frac{10}{17} = 0.588.$$

2. 解 （1）边缘分布为 $\dfrac{X \mid 0 \quad 1}{P \mid 0.3 \quad 0.7}, \dfrac{Y \mid 0 \quad 1}{P \mid 0.4 \quad 0.6}.$

（2）$EX = 0.7, EX^2 = 0.7, DX = 0.21, EY = 0.6, EY^2 = 0.6, DY = 0.24.$

（3）$\mathrm{cov}(X,Y) = E(XY) - EXEY = 0.4 - 0.42 = -0.02.$

3. 解 （1）$\displaystyle\int_0^1 f(x)\mathrm{d}x = 2a = 1 \Rightarrow a = \dfrac{1}{2}.$

（2）$EX = \displaystyle\int_0^1 x \cdot \dfrac{1}{2\sqrt{x}}\mathrm{d}x = \dfrac{1}{3}, EX^2 = \displaystyle\int_0^1 x^2 \cdot \dfrac{1}{2\sqrt{x}}\mathrm{d}x = \dfrac{1}{5},$

$$DX = EX^2 - (EX)^2 = \frac{4}{45}.$$

4. 解 记 X 为 400 件产品中二等品的件数，则 $X \sim B(400, 0.25).$ $n = 400$，较大，所以近似有 $X \overset{\cdot}{\sim} N(100, 75).$ $P(83 < X < 117) \approx \Phi\left(\dfrac{117-100}{\sqrt{75}}\right) - \Phi\left(\dfrac{83-100}{\sqrt{75}}\right) = 2\Phi(1.963) - 1.$

四、计算题（二）

1. 解 （1）$E(X) = \displaystyle\int_{-\infty}^{+\infty} x f(x, \theta)\,\mathrm{d}x = \displaystyle\int_0^1 \sqrt{\theta}x^{\sqrt{\theta}}\,\mathrm{d}x = \dfrac{\sqrt{\theta}}{\sqrt{\theta}+1}$，令 $\dfrac{\sqrt{\theta}}{\sqrt{\theta}+1} = \overline{X}$，解得

θ 矩估计量为 $\hat{\theta} = \left(\dfrac{\overline{X}}{1-\overline{X}}\right)^2.$

（2）似然函数

$$L(\theta) = \prod_{i=1}^{n} f(x_i, \theta) = \begin{cases} \theta^{\frac{n}{2}} \displaystyle\prod_{i=1}^{n} x_i^{\sqrt{\theta}-1}, & 0 \leqslant x_i \leqslant 1 \ (i = 1, 2, \cdots, n), \\ 0, & \text{其他}. \end{cases}$$

当 $0 \leqslant x_i \leqslant 1 \ (i = 1, 2, \cdots, n)$ 时，$L(\theta) > 0$，并且 $\ln L = \dfrac{n}{2}\ln\theta + (\sqrt{\theta}-1)\displaystyle\sum_{i=1}^{n}\ln x_i.$

令 $\dfrac{\mathrm{d}\ln L}{\mathrm{d}\theta} = \dfrac{n}{2\theta} + \dfrac{\displaystyle\sum_{i=1}^{n}\ln x_i}{2\sqrt{\theta}} = 0$，解得 θ 的极大似然估计量为 $\hat{\theta} = \dfrac{n^2}{\left[\displaystyle\sum_{i=1}^{n}\ln x_i\right]^2}.$

2. 解 $H_0 : \mu = 100$，检验量 $t = \dfrac{\overline{X}-100}{S/\sqrt{n}} \sim t(n-1)$，$\bar{x} = \dfrac{1}{n}\sum x_i = 99.978$，$S = $

$\sqrt{\dfrac{1}{n-1}\sum(x_i - \bar{x})^2} = 1.2122.$ 因为 $|t| = 0.054 < t_{0.025}(8) = 2.306$，所以不否定 $H_0.$

3. **解**　(1) $H_0:\sigma_1=\sigma_2$，检验量 $F=\dfrac{S_X^2}{S_Y^2}\sim F(n_1-1,n_2-1)$，$F=\dfrac{0.025^2}{0.02^2}=1.56$，

$F_{\alpha/2}(15,19)=2.6171,1/F_{\alpha/2}(19,15)=1/2.7559=0.3629$，

$\because 0.3629<F<2.6171,\therefore$ 不否定 H_0，即方差无明显差异.

(2) $H_0:\mu_1=\mu_2$，检验量 $T=\dfrac{\overline{X}-\overline{Y}}{\sqrt{(n_1-1)S_X^2+(n_2-1)S_Y^2}}\sqrt{\dfrac{n_1n_2(n_1+n_2-2)}{n_1+n_2}}\sim$

$t(n_1+n_2-2)$.

$|T|=1.425$，$t_{\alpha/2}(34)=2.0322$，$|T|<2.0322$，所以不否定 H_0，即均值无明显差异.

五、证明题

证　$EX=\dfrac{\theta+2\theta}{2}=\dfrac{3}{2}\theta$，而 $E\overline{X}=EX$，所以 $E\hat{\theta}=\dfrac{2}{3}E\overline{X}=\dfrac{2}{3}EX=\theta$.

模拟试卷五

一、单项选择题(每小题 3 分,共 15 分)

1. 设 A,B,C 表示 3 个事件,则 $\overline{A}\,\overline{B}\,\overline{C}$ 表示(　　).

(A) A,B,C 中有一个发生　　　　　　(B) A,B,C 中不多于一个发生

(C) A,B,C 都不发生　　　　　　　　(D) A,B,C 中恰有两个发生

2. 若事件 A,B 相互独立,且 $P(A)>0,P(B)>0$,则下列正确的是(　　).

(A) $P(B\mid A)=P(A\mid B)$　　　　　(B) $P(B\mid A)=P(A)$

(C) $P(A\mid B)=P(B)$　　　　　　　　(D) $P(A\mid B)=1-P(\overline{A})$

3. 设随机变量 $X\sim N(0,1),Y\sim N(1,4)$,且 X 与 Y 相互独立,则(　　).

(A) $P\{X+Y\leqslant 0\}=P\{X+Y\geqslant 0\}$　　(B) $P\{X+Y\leqslant 1\}=P\{X+Y\geqslant 1\}$

(C) $P\{X-Y\leqslant 0\}=P\{X-Y\geqslant 0\}$　　(D) $P\{X-Y\leqslant 1\}=P\{X-Y\geqslant 1\}$

4. 设离散型随机变量 X 的分布列为

X	0	1	2
P	0.3	0.5	0.2

,其分布函数为 $F(x)$,则 $F(1.5)=$(　　).

(A) 0　　　　　(B) 0.3　　　　　(C) 0.8　　　　　(D) 1

5. 在假设检验时,若固定样本容量,则犯两类错误的概率(　　).

(A) 都增大　　　　　　　　　　　　(B) 都减小

(C) 都不变　　　　　　　　　　　　(D) 一个增大一个减小

二、填空题(每小题 2 分,共 16 分)

1. 若事件 A,B 相互独立,且 $P(A)=0.6,P(A\bigcup B)=0.8$,则 $P(B)=$ _____.

2. 若随机变量 X_1,X_2,X_3 相互独立,且服从两点分布

X_i	0	1
p	0.8	0.2

,则 $X=\sum_{i=1}^{3}X_i$ 服从 _____.

3. 设随机变量 X 和 Y 的数学期望分别为 -2 和 2,方差分别为 1 和 4,而相关系数为 -0.5,则 $D(X+Y)=$ _____.

4. 设 10 件产品中有 4 件不合格品,从中任取 2 件,已知所取 2 件中有 1 件是不合格

品,则另外 1 件也是不合格品的概率为_____.

5. 设随机变量 X 的概率密度函数 $f(x) = \begin{cases} \dfrac{1}{2\sqrt{x}}, & 0 < x < 1, \\ 0, & \text{其他}, \end{cases}$ 则 $EX^2 =$

_____.

6. 设随机变量 X 的数学期望为 μ,方差为 σ^2,则根据切比雪夫不等式,有 $P\{|X - \mu| \geqslant 3\sigma\}$ _____.

7. 设总体 X 的期望值 μ 和方差 σ^2 都存在,总体方差 σ^2 的无偏估计量是 $\dfrac{k}{n} \sum\limits_{i=1}^{n} (X_i - \overline{X})^2$,则 $k =$ _____.

8. 设总体 $X \sim N(\mu, \sigma^2)$,且 σ^2 已知,用样本检验假设 $H_0 : \mu = \mu_0$ 时,采用的统计量是_____.

三、计算题(一)(共 34 分)

1. (本题 10 分)两个箱子中,第一箱装有 4 个黑球,1 个白球,第二箱装有 3 个黑球,3 个白球.现随机地选取 1 箱再从该箱中任取 1 个球,求:(1)这个球是白球的概率;(2)取得的白球属于第二箱的概率.

2. (本题 12 分)已知二维随机变量 (X, Y) 的联合概率分布由下表确定:

X \ Y	0	1	2
1	0.2	0.05	0.35
2	0.3	0.1	0.1

问:(1) X, Y 是否独立;(2) 计算 $P\{X = Y\}$ 的值;(3) 在 $Y = 2$ 的条件下 X 的条件分布律;(4) $E(X + Y)$.

3. (本题 12 分)假设二维随机变量 (X, Y) 的联合密度函数为

$$f(x, y) = \begin{cases} k\mathrm{e}^{-(x+2y)}, & x > 0, y > 0, \\ 0, & \text{其他}. \end{cases}$$

求:(1) 常数 k;(2) 随机变量 X, Y 的边缘密度函数;(3) $P\{Y + X \leqslant 1\}$.

四、计算题(二)(共 30 分)

1. (本题 6 分)计算机有 120 个终端,每个终端在 1 h 内平均有 3 min 使用打印机.假定各终端使用打印机与否相互独立,求至少有 10 个终端同时使用打印机的概率.(用 $\Phi(x)$ 形式表示)

2. (本题 10 分)设总体 X 的概率密度函数为

$$f(x) = \begin{cases} \dfrac{1}{\theta} e^{-(x-\mu)/\theta}, & x \geqslant \mu, \\ 0, & \text{其他}, \end{cases}$$

其中 $\theta > 0$，θ,μ 是未知参数，$(X_1,X_2,\cdots,X_n)$ 是总体 X 的样本，求 θ,μ 的矩估计量.

3.（本题 14 分）设有两批电子器件的电阻值分别服从分布 $X \sim N(\mu_1,\sigma_1^2)$，$Y \sim N(\mu_2,\sigma_2^2)$，且两样本独立，已知两样本容量 $n_1 = n_2 = 6$，测得这两批电子器件电阻的样本均值分别为 $\bar{x}=0.141$，$\bar{y}=0.138\,5$，样本方差分别为 $s_1^2=8\times10^{-6}$，$s_2^2=7.1\times10^{-6}$.

(1)检验假设 $H_0: \sigma_1^2 = \sigma_2^2 (\alpha = 0.05)$；

(2)在(1)的基础上检验假设 $H_0: \mu_1 = \mu_2 (\alpha = 0.05)$.

$[F_{0.025}(5,5) = 7.15, F_{0.025}(6,6) = 5.82, t_{0.025}(10) = 2.228\,1, t_{0.025}(12) = 2.178\,8]$

五、证明题（5 分）

设 $X_1,X_2,\cdots,X_9$ 是取自正态总体 X 的简单随机样本.

$$Y_1 = \frac{1}{6}(X_1 + \cdots + X_6), \quad Y_2 = \frac{1}{3}(X_7 + X_8 + X_9),$$

$$S^2 = \frac{1}{2}\sum_{i=7}^{9}(X_i - Y_2)^2, \quad Z = \frac{\sqrt{2}(Y_1 - Y_2)}{S}.$$

证明：统计量 Z 服从自由度为 2 的 t 分布.

模拟试卷五解答

一、单项选择题

1. C　　2. D　　3. B　　4. C　　5. D

二、填空题

1. 0.5　　2. $X \sim B(3,0.2)$　　3. 3　　4. $\dfrac{1}{5}$　　5. $\dfrac{1}{5}$

6. $\leqslant \dfrac{1}{9}$　　7. $\dfrac{n}{n-1}$　　8. $U = \dfrac{\overline{X} - \mu_0}{\sigma/\sqrt{n}}$

三、计算题（一）

1. **解**　(1)分别用 A_1,A_2 记任取一球是属于第一箱和第二箱的；用 B 记任取一球是白球，由全概率公式，

$$P(B) = P(A_1)P(B \mid A_1) + P(A_2)P(B \mid A_2) = \frac{1}{2}\times\frac{1}{5} + \frac{1}{2}\times\frac{1}{2} = 0.35.$$

(2)由贝叶斯公式，$P(A_2 \mid B) = \dfrac{P(A_2)P(B \mid A_2)}{P(B)} = \dfrac{5}{7}$.

2. **解**　(1)因为 $P\{X=1,Y=0\} = 0.1 \neq 0.2 = 0.5 \times 0.4 = P\{X=1\}P\{Y=0\}$，

所以 X,Y 不独立.

(2) $P\{X=Y\}=P\{X=1,Y=1\}+P\{X=2,Y=2\}=0.05+0.1=0.15.$

(3) $P\{X=1 \mid Y=2\}=\dfrac{P\{X=1,Y=2\}}{P\{Y=2\}}=\dfrac{0.35}{0.45}=\dfrac{7}{9}$,

$P\{X=2 \mid Y=2\}=1-\dfrac{7}{9}=\dfrac{2}{9}.$

(4) $E(X+Y)=2.55.$

3. **解** （1）由 $\displaystyle\iint_{R^2}f(x,y)\mathrm{d}x\mathrm{d}y=k\int_0^{+\infty}\mathrm{e}^{-x}\mathrm{d}x\int_0^{+\infty}\mathrm{e}^{-2y}\mathrm{d}y=\dfrac{1}{2}k=1$，从而得 $k=2$.

(2) $f_X(x)=\begin{cases}\mathrm{e}^{-x}, & x>0, \\ 0, & x\leqslant 0,\end{cases}$ $f_Y(y)=\begin{cases}2\mathrm{e}^{-2y}, & y>0, \\ 0, & y\leqslant 0.\end{cases}$

(3) $P(Y+X\leqslant 1)=\displaystyle\int_0^1\mathrm{d}x\int_0^{1-x}2\mathrm{e}^{-(x+2y)}\mathrm{d}y=(1-\mathrm{e}^{-1})^2.$

四、计算题(二)

1. **解** 设 X 表示 120 个终端同时使用打印机的终端个数，则 $X\sim B(n,p)$，其中 $n=120,p=\dfrac{3}{60}$，则 $EX=np=6,DX=np(1-p)=\dfrac{57}{10}$，由棣莫弗—拉普拉斯中心极限定理得，

$$P(X\geqslant 10)=P\left(\dfrac{X-6}{\sqrt{\dfrac{57}{10}}}\geqslant \dfrac{10-6}{\sqrt{\dfrac{57}{10}}}\right)=1-P\left(\dfrac{X-6}{\sqrt{\dfrac{57}{10}}}<4\sqrt{\dfrac{10}{57}}\right)=1-\varPhi(4\sqrt{10/57})$$

$=1-\varPhi(1.68).$

2. **解** 因 $E(X)=\displaystyle\int_\mu^{+\infty}x\cdot\dfrac{1}{\theta}\mathrm{e}^{-(x-\mu)/\theta}\mathrm{d}x=\mu+\theta,$

$$E(X^2)=\int_\mu^{+\infty}x^2\cdot\dfrac{1}{\theta}\mathrm{e}^{-(x-\mu)/\theta}\mathrm{d}x=\mu^2+2\theta\mu+2\theta^2.$$

令

$$\begin{cases}\mu+\theta=\overline{X}, \\ \mu^2+2\theta\mu+2\theta^2=\dfrac{1}{n}\sum_{i=1}^n X_i^2,\end{cases}$$

解之得 θ,μ 的估计量分别为

$$\hat{\theta}=\sqrt{\dfrac{1}{n}\sum_{i=1}^n X_i^2-\overline{X}^2}, \quad \hat{\mu}=\overline{X}-\sqrt{\dfrac{1}{n}\sum_{i=1}^n X_i^2-\overline{X}^2}.$$

3. **解** （1）由题意，须在显著性水平 $\alpha=0.05$ 下检验假设：$H_0:\sigma_1^2=\sigma_2^2$. 取检验统计量为 $F=\dfrac{s_1^2}{s_2^2}\sim F(n_1-1,n_2-1)$，则拒绝域为 $C=\{F\leqslant F_{1-\frac{\alpha}{2}}(n_1-1,n_2-1)$ 或 $F\geqslant$

$F_{\frac{\alpha}{2}}(n_1 - 1, n_2 - 1)\}$.

已知 $n_1 = n_2 = 6$，$\alpha = 0.05$，$s_1^2 = 8 \times 10^{-6}$，$s_2^2 = 7.1 \times 10^{-6}$，经计算得 $F = 1.13$. 已知 $F_{0.025}(5,5) = 7.15$，$F_{0.975}(5,5) = \dfrac{1}{7.15} = 0.14$. 由于 $F_{0.975}(5,5) \leqslant F \leqslant F_{0.025}(5,5)$，即 F 没有落在拒绝域内，故接受 H_0，即在显著性水平 $\alpha = 0.05$ 下，可以认为 $\sigma_1^2 = \sigma_2^2$.

(2)此时，须在显著性水平 $\alpha = 0.05$ 下，检验假设：$H_0 : \mu_1 = \mu_2$. 由上面的讨论知，可以认为 $\sigma_1^2 = \sigma_2^2$，故可取检验统计量为

$$T = \frac{\overline{X} - \overline{Y}}{S_w \sqrt{\dfrac{1}{n_1} + \dfrac{1}{n_2}}} \sim t(n_1 + n_2 - 2).$$

拒绝域为 $C = \{ |t| \geqslant t_{\frac{\alpha}{2}}(n_1 + n_2 - 2)\}$.

$\overline{x} = 0.141$，$\overline{y} = 0.138\,5$，计算得 $s_w^2 = \dfrac{(n_1 - 1)s_2^2 + (n_2 - 1)s_2^2}{n_1 + n_2 - 2} = 7.55 \times 10^{-6}$.

得 $t_{0.025}(10) = 2.228\,1$，由于 $|t| = 1.58 < 2.228\,1$.

故接受 H_0，可以认为均值无显著差异.

五、证明题

证 因 $Y_2 = \dfrac{1}{3}(X_7 + X_8 + X_9)$，则 Y_2 是简单随机样本 X_7, X_8, X_9 的均值，而 $S^2 = \dfrac{1}{2}\sum_{i=7}^{9}(X_i - Y_2)^2$，根据正态总体样本方差的性质，$\dfrac{2S^2}{\sigma^2} \sim \chi^2(2)$，$\dfrac{Y_1 - Y_2}{\sigma/\sqrt{2}} \sim N(0,1)$，$Y_1 - Y_2$ 与 S^2 独立，所以 $Z = \dfrac{\sqrt{2}(Y_1 - Y_2)}{S}$ 服从自由度为 2 的 t 分布.